人性魔方

申明祥 ◯ 著

从人性生物属性和社会属性较量中，展示人自身本能的多样性，从哲理角度探求人文科学规律。文明的社会必须呼唤社会正能量增加，增强人的理性认识，从学习人类积累的先进文化着手，提倡正当的做人之道。

九州出版社
JIUZHOUPRESS

图书在版编目（CIP）数据

人性魔方 / 申明祥著. -- 北京 : 九州出版社,
2014.12
ISBN 978-7-5108-2857-7

Ⅰ. ①人… Ⅱ. ①申… Ⅲ. ①人性－研究 Ⅳ.
①B82-061

中国版本图书馆CIP数据核字(2014)第254348号

人性魔方

作　者	申明祥 著
出版发行	九州出版社
出 版 人	黄宪华
地　址	北京市西城区阜外大街甲35号（100037）
发行电话	（010）68992190/3/5/6
网　址	www.jiuzhoupress.com
电子信箱	jiuzhou@jiuzhoupress.com
印　刷	北京华忠兴业印刷有限公司
开　本	880毫米×1230毫米　32开
印　张	7.25
字　数	150千字
版　次	2014年12月第1版
印　次	2014年12月第1次印刷
书　号	ISBN 978-7-5108-2857-7
定　价	28.00 元

序

人性崇尚自由，社会讲究规则。自由和规则协调碰撞，是人生活动的主旋律。这就是人性的自我表演。人有两个自我，一个是肉体的我，一个是精神的我。活着的正常人，必然是肉体和精神的共存。肉体是有形的，并以物质的外在形式呈现，且随时被精神牵拉着往前走。人性由附着在人躯体上的生物属性和社会属性构成，它是无形的、活跃的、顽固的。人性的表现靠人自身感觉并随性由使，或是有控制的理性行为。愚昧的人一般不承认自己愚昧，聪明人往往有自知之明，就是人性的随性由使和能理性控制自己的说明。社会属性是人在交往时，受到他人和社会欢迎认可的理性行为，是人在后天实践、学习、修炼而得来的。

人除直接实践外，学习、受教育是终生提高自身社会属性的主要渠道。教育使人更加社会化。愚昧的人，只活在生物属性为主的现实里。孩子上学，人要终生学习，无非是用前人总结早已成熟的社会理性营养自身，使自身的社会属性强大，文明程度更高，减少并脱离愚昧。人的一生都在生物与社会属性之间较量，也就是生物的随性表演和社会理性控制的争斗。人性有时可颠覆经济学、心理学、逻辑学、伦理学等诸多学科，是不按规则出牌的随性发作、但它却在哲学范畴的偶然性中晃动和跳越。这正是人性魔方的奇妙无穷。

人的社会属性是受人类数千年文明和先进文化教育熏陶自身并升华了的理性。是从猿进化后，定性为人的主要属性。自然科学谜底或答案往往只有一个；而人文学科，只要说清道理，通常有多个观点和答案。因为人性是多元化的，无法强求一致，社会及人文科学可在人类精神方面探求挖掘较高层次的营养宝藏，是一种不带功利的交心、商榷、探讨，是人类增强社会属性的营养剂。

单个人出生，便加入社会群体，其生命结果都朝着一个人们不愿提及的方向在走，公平公正，无一遗漏。为此，人只活在过程里，活在宇宙的时间和空间里。人生过程中的舞台演出，才是人们真正精彩辉煌的一生。虽然人生结果的必然性只有一个，但生命过程中的偶然有无数个。人的精彩只在于选择偶然。人生不设限，相信自己有无限个可能。人们在自然和社会提供的偶然机遇面前，如何选得准确一些，取决于人对客观事物规律必然性的认识。人们活得好坏与精彩，成功与失败，都决定于对客观事物的认知上，更在对偶然机遇的选择与把握上。

人类在社会快速发展的现实里，很多人物质生活状况已获较大改善，但进步的物质享受，容易让人失去人性中最可贵的纯真。人们只能在探求先进文化理性的营养中，从自身心灵感悟上获取教益，更理性地找回原本的纯真，才不失为原本的人。人躯体生活在现实里，心灵超脱在现实外，思维不断探究着现实背后的真相，才能算得上一个真正有精神境界的人。精神超越的人，能让自己纯真的心产生跳出三界外，不在五行中的自由之感。理性认知上，人们能自觉哲学化，必将给其带来一颗心的沉静、舒适。著名历史学家、哲学家冯友兰先生在《中国哲学史》中说过：人要哲学化，人不必宗教化，哲学化后会享有宗教的福分。这便是人的思想认识从必然王国向自由王国的真正飞跃。生活就是这样：处在其中的，不一定领悟；身在其外的，却体会深切。社会多数人，生活在现实中的某时刻、某居地、某状况，却无法对自身所处沉重现状的背后，有着轻松超越的通透理解。因为寄居地球上的人类，受人性自身固有狭隘性所限制，精神上的解放，还不那么容易。

人性是操控躯体行为背后的那只手，若用超越的视角和心态，从人性的两面属性探究，以博大胸怀、有高瞻远瞩的目光，才能从中感受到生命的价值和情趣。智慧渗透于哲学家的洞察之中。生活中的哲学艺术，帮助人们解脱烦恼，用感受探秘，寻求心理的智慧，必然使人活得轻松惬意。经常议论别人的缺点，是一个品位低下者；经常议论人类的缺点，就是一个思想家。比如书中揭示人性一些共性弱点、谬误、非理性行为，不可避免。这正是用一些不易觉察的谬误，纠正那些显而易见的谬误。人人都想与众不同，又使人们大致相同。这种动向，受到人心灵心态的操控，也就是人性的使然。一个人心中没有企图，很少会被人利用。着眼于人性，从人的心态动机研究，让人们心灵坚韧起来，独立起来，人们就会在创业中易获成功，遇到伤害时，刀枪不入。

最值得做的事，往往是最难的事。它意味着你要和人性中最原始的冲动抗争。人性被激发的临界点是触碰底线。人际相处时，“翻脸不认人”状态，通常是一方在被触摸底线之后。人生精彩活在精神的精彩，并不是外在奢华，物质刺激肉体，或是躯体表演时形象的精彩。即使运动员竞赛中成为冠军；艺术家演出获得成功；其成功的真正获得都是肉体受精神操控的结果。他们本质的比赛和演艺成功，是高度的精神集中发挥得来的。人类同自身生物属性的一面抗争，必用理性的、先进的、文化的社会属性另一面为武器。这就是“战胜自我”，但也是最难走的路。谁家都想“望子成龙”，希望出生的孩子日后健康成人、成才、成名。可不能如愿的比比皆是。成才成名的终究是少数，中间不好不坏的最多。原因是：人接受事物的“必然”容易，碰到“偶然”，神经会紧张。多数人谈论事物的“为什么”、“是什么”时，往往比较深透，遇上“怎么办”时，真的选择机遇时，尤其在实施时，人性掌控受到自身弱点的干扰便大了起来，就很难准确选择，或者随性难改。这就是多数人不容易成功的缘由。

一个明智的人，想自己生存得好，不能希望环境适应自己，而应主动去适应环境。用感恩的心祝福别人，定会得到别人同样的回报。对待别人的态度，就是将来别人对你的态度。当你不再要求世界尽如己意时，你便找到了真正的自己。一个人依赖于外界的东西越少，这个人就越幸福。而最朴实、真挚的幸福，就是自己纯洁且充满真情的精神家园。这样的人懂得生活，懂得人生。哲人无忧，智者常乐，不是他所爱的一切都拥有了，而是所拥有的一切他都爱。

天道酬勤。人生最后总付出和总收获大体平衡。勤勉的人，刻苦的人，终将有好的回报。同时人要拥有一颗健康平和的心，让其在茫茫人海中不会孤独；在物欲横流的大河里不迷失自己；遇上繁杂琐事时，心境自然开朗。世态仍有炎凉，只要心境始终如春，生命的境界就会光亮永恒。

写新闻报道讲真实，让大众知道事实真相；小说、电视剧写故事，通过故事情节、表演技巧展示，让读者、观众从中领会思想，感受乐趣，评判是非；人生感悟是作者直接写出思想、观点，无逼真的情节感染人，易枯燥乏味，但有探索人生哲理奥妙的趣味。现实生活中，身处温饱线以下者，必以求得物质财富增加为幸福快乐，这是人生存的第一需求。本书侧重观点谈及的是温饱有余的人群，更需靠精神活着。丰富的人生内涵，可让人产生极大的愉悦、心静，知识智慧让人勇往直前。人的真正快乐享受，属于精神享受。这种属于内涵的精神享受，甚至把忍受变为享受，是精神对于物质的胜利，这便是人生哲学。多少人曾期盼外界的认可，到最后才知道：世界是自己的，与他人关系不大。寻求自己内心，才是求得幸福快乐的真谛。人富有了精神，什么艰险都能度过。孔子有句话：“朝闻道，夕死足矣！”对追求思想、追求自身内涵丰富的人，欲与共同探讨研究，且盼指正。

本书出版得到石光平、钱德车、蒋月新等多方鼓励和帮助，在此表示谢意。

目 录

人性——操控人行为的背后那只手

宇宙间的万事万物，都有自身存在、生成、运动变化的属性，即自己的发展规律和特性。最精灵的人类，同样有着自身的属性，这就是人性。人性由人的生物属性和社会属性两面构成。生物性来自遗传基因本能；社会性来自社会中的学习、实践及本人修炼。人的生物属性一面很顽固，易反复，是自我本能的一面；社会属性是人理性的一面，是人与社会交往必需的通行证。人性虽看不见、摸不着，但它总顽固地操控人的心灵和思想行为。人性客观存在，它就是操控人行为的背后那只手。人性善恶好坏，既受遗传基因影响，更受社会环境、自身信仰、修炼境界等诸多因素影响。某种意义上讲，人性就是人思想行为质量的显现。优秀善良的人性，定有较高的理性思维，通达人情世故，对“己利”取之有道，遇困难时，勇于担当。这种人热爱社会、关爱他人，善待自然、感恩宇宙。反之，恶而“自我为上”的人性，处人处世，只凭自我感觉行事，甚至恶习丛生，危害社会。这种人只顾自己，无视他人，逐取利益时，时时处处以己为先。他们总认为社会是欠我的，世界是欠我的。扭曲的人性变态，永远欲壑难填。人性是人性格、习惯、思维、心态等所固有的人之本性，非常顽固、非常现实。每个人的人性各不相同，虽看不见、摸不着，但它随时随地伴随人的肉体，掌控人的思想心念和行为方向。人类总的人性是社会属性居多，对整体人类社会文明进步和自然界环境维护，起着不可估量的作用。

人性作用力高于一切，人性控制所有的个体人。看一个人的所想所为，便可发现其善恶优劣的人品。每个人未必看清和知晓自己的人性。只要其行为发生，局外人即可洞察出其人性的好坏。人性是附着在本人肉体上的顽固本性，该人的行为一露头，即可被他人和社会识别。理性的人，善良的人，无论在哪里，其说话、办事、责任、担当，必然循规蹈矩，不伤害别人。这种人宁可自己吃亏，也要散发出人性善良的光彩，更不会给社会和他人造恶。反之，只从自己感觉和个人厌恶出发的人，在任何地方都会不顾社会和他人的利益，事事以利己为先，在人性“趋利避害”本性的天平上，更注重将利益挪向自我的一方。

人性在国家、社会、党派、政治集团的作用中占什么位置？应该说，人性作用是高于之上的。原始社会里，因为简陋的生活资料，人们相处基本公平。随着社会发展进入奴隶制社会，私有财产出现，产生奴隶和奴隶主的对立阶层，社会继续发展进步，封建社会、资本主义社会、社会主义社会相继出现，今天已是现代工业社会。社会因管理需要，才逐渐产生利益集团，国家、政党。私有财产出现，人类分成穷人和富人，产生的阶级利益派别基本是穷人和富人。随之穷人和富人的矛盾必然成为永恒的冲突。为此，组建国家、产生阶级、成立政党，用以管理，并制定方针、政策，施用纪律、法规等手段来平衡矛盾冲突。其目的是让穷人能过日子，限制富人不要过分，甚至，扶持穷人也跟着富裕起来，保持国家平衡发展。能做到这样，这种国家社会制度即是开明的，党派是进步的，能维持较持久的。如何做到？关键是这一国家，党派头头们的个人及领导层的人性。善良的心，优秀的人品，“先天下之忧而忧，后天下之乐而乐”的执政理念，就是他们的人性发挥。这样的社会制度，大众会拥护。有这样优秀人性的领导，穷人富人都会欢迎，中间带的人也会高兴。历届国家政府文件中往往写道：“调动激发广大人民群众的积极性、创造性”。这种积极性、创造性，便是领导层通过政策文件调动激发众多人的人性发挥。且向好的善的方向发挥。执政的领导，同样用方针政策、纪律法规约束着人民人性中恶的一面，让国家安定，人民乐居。这才是有最好人性的领袖，人们称赞。反之，受永不满足权力欲控制的领袖及其上层人群，时时处处以己利和派别利益优先，罔顾广大民众的疾苦，如世袭制的封建皇帝，除开明的第一代，尚能把天下多数人当回事，后来就全为自己皇位及身边人执政谋利，人性的享受贪婪和权力至上的顽固性暴露无遗。这种恶劣的人性，必置天下多数人利益而不顾，这种统治政权的兴亡，受着该代帝王人性优劣的操控。

人性是固有的、本能的、最实际的东西。它可随着人的自我修炼和环境影响，随时将激发出善恶的行为表现出来。作为国家及其政党提出的阶级性、党性等作用，通常把其作用力看作是最高的。实际上，使用阶级性、党性的信仰及其规章条例，包括法律制定的各种规范及广大民众的人性，引导制约众多的人性朝着善的、好的方向发展。正是通过这种对多数人被激发出的好的行为，维护着国家社会政通人和的局面。这便是人社会属性一面起着的巨大作用。尤其提高众多人们对国家、社会、政策前途的信念、信仰，是激发正义善良人性的重要方法。领导集团者的人性更是至关重要、上层发出的施政纲领、体现着为民还是为官，正是上层关键人物人性的体现。显然，人性的作用力是高于一切的、是永恒的。无论帝王总统领袖及英雄人物某时被刻画得多么神奇，普通百姓还是会用最朴实的语言对他们评价："只要食人间烟火，他不还是个人吗？"这里的人，即受人性控制的人。

人性善恶，古往今来争论不休。儒家孟子认为"人之初，性本善"，荀子认为人性是恶的，多数人认为善恶皆有。实际上人性存在于每个人的性格、习惯、思维和精神之中，是好是坏不好划分，也说不清的。因为人一辈子都在变化中，人性好坏不能在某段时刻绝对划清，除非生命结束后下定论。一个人今天善，不代表今后不恶；今天恶，也不一定以后不善。奇怪的人性酷似魔方，说变即变。激发人性善、好、靠人自身学习、自省、自律、修炼等多方面因素，同时要有好的环境。"近墨者黑，近朱者赤"大有人在。通过国家社会制定的纪律、法规限制人性恶向激发必不可少。但更多用教育办法，创造好的人文环境，提高人的知识和理性，让人性向优秀善良方向激发其行为更加重要。从人性作用力着手，虽然任务长期艰巨，但必不可少。以此，呼唤出人性善良灿烂的火花，才是人们的真正期盼。

肉体不自由，精神是自由的

出生后的人，肉体与精神共存。肉体只能在出生的地面上活动，宇宙、自然界等众多领域不能涉及，受限太多，是不自由的。首先，生命有生，便决定着有死，生命过程中的衰老病害无一躲过。随着人生的成长、健壮、衰亡，一切离不开物质喂养。其物质资源靠人自身去打拼奋斗，获取物质的方式和范围，必有很多方面不能涉入。人还得生存在一定的安全环境下，设限的安全环境之外，也不能突破。人是社会的人，群体组成的社会必有许多规则制度约束人们的行为，人还是不能违规违章……总之，在诸多限制面前，作为实体的人，是不自由的。人是肉体和精神的共存，精神与肉体在人诞生时同时产生，人肉体死亡，精神同时消失。婴儿的精神随肉体长大并在介入社会中不断成长成熟，即在家庭、学校、社会三个阶段教育和终生实践体悟中健全。精神是心灵、思维、智慧的总称，统帅是人的心灵、心态、心情等心的作用力。人的心灵活动是无形的，看不见的。但它活跃、放飞的能量很大，活动边际无限。心可以随意想象到任何深度，无限领域，天高地远，无所不能涉及。人心的自由度很大。“人必须谨慎行事，但又可以大胆地想”，这就是人体的不自由和心灵的自由在自身的共同存在。

人类自身在发展变迁中，宇宙自然、社会环境存在多种险恶，伤害人体的恶劣机遇随时会发生。它的发生，决定着人躯体不能在自然界和社会中贸然行事，恣意妄为。然而，人生存、生活资料的需求，生活质量的提高，又必须到自然社会中去创造，去制作。人们不得不在已有的安全环境下劳作，同时又必须涉及一些未知的领域去冒险，但又不可能越过力所不能及的领域去瞎闯、盲动。否则，凶险随时会袭击，将你陷入危险不能自拔。从这一点看，人肉体的活动是不自由的。但是，人肉体受精神主宰，受精神操控。这种后天渐长渐丰富成熟的精神力量，对人体活动方位的准确度把握，又有着重大的制约。婴儿精神力量未成熟时，再烫的火苗也敢摸，再深的水也敢蹚，再锋利的刀也敢玩。长大后，精神丰富，智慧增加，心灵成熟，就不会那样做了。这就是成熟的精神在人肉体上的显著作用。

人的肉体成长、健壮、衰老都是物质哺育和自身成长作用的结果。人精神的丰富成熟强大，是后天学习、实践和修炼体悟获得的。健全的人，精神无衰老。人的肉体活动受限，不自由，精神活动飞扬又是自由的。人身将二者辩证合一，将正能量的精神，有效作用于人的肉体，就可大大释放肉体不自由的限度。这就是一个有很强思维、丰富智慧、成熟心态的人，其生活圈子的深度和范围将大大扩展。这样的人，收获更大，生活更幸福，更有生命的意义。人生设限，指人体不能涉及不许可或力所不能及的领域。人生设立目标要实事求是，不可妄想，更不能走邪门歪道。人在社会中交往，他人和社会只标记着你的名字、性别、年龄、相貌等有形肉体的基本特征，而不能把握住你的精神的活动。有形体的人在社会中立足，只能在设限的范围里，做着自己的事，创造着自身的利益。但每人的行为表现，又受其精神操控。行为显露的好与坏，优与劣，必受制于他人和社会的关注。优良的社会表现，他人欢迎，社会认可，本人受益。这种优良的行为表现，又来自于健康感恩的心地、心态，靠高尚的智慧思维。而崇高的精神和丰富的智慧思维，又靠人自身的后天学习提高、刻苦实践。社会人的行为表现千差万别，差距很大。有的利己到斤斤计较、点滴不让，甚至还骗取他人之财，直至走上犯罪；有的怀揣仁爱之心，无私到为他人、社会奉献出自己的生命。也有人终生无多大出息，挣扎一生，跳不出生活的温饱线；有的人奋斗苦干，若干年便能发家致富，捐助社会。这种人与人的差别，排除客观家境底子厚实、他人援助外，更多是人的自身精神心灵、思维智慧差别带来的。西方有人假设过：若把世界上现有财产统一按人平均分配，三年后，财富差别又出来了，财富积聚的方向，大多还是原先富裕的那些人。原因是：有形的财富可以分配平均，而不同头脑中智慧和人的心灵成熟却无法平均分配。

人生不设限，是指人生精神的自由度扩张无限，思想智慧的想象力无限。人类先进文明文化思维智慧积累，正是人们学习提高自己内在精神的食粮。为此，人生要不断学习，实践修炼提高自己的精神内在。人的精神越丰富，内在越富有，心灵的领域空间才能宽广，心灵飞翔的自由度才会更大。人们用富有成熟的心灵，操控着不自由的躯体，人就会从必然王国走向自由王国。为此，才可增加人们肉体活动的范围，扩张自由度，人们定会获得更多，对个人，对社会更加有益。

重视生活与关注生命

人的生活与生命是两个概念。生活是人维系生命需要的能量补给及活动状态。生命是人相对于死亡的另一面，是人体呈现活力的现象。生命现象是人的本质。无人的生命现象，一切成为多余。通常社会现象是：年轻人重视生活，老年人更关注生命。其实，每个人的生命，才是人的本真，是人永远的重要。人的生命来源于宇宙自然，产生于父母的遗传和恩赐。单体的人的生命，是在必然和偶然中一次获得。人的生命现象是在父母亿万次机遇中偶然获得，十分宝贵，万分难得。人的生命和生活不是一回事。生活是人诞生了后，必须进入的能量补养过程，是生命保障的必需。生命离不开生活，生活是对生命存在的维护；生命只有一次，生活却是人生一辈子的不断需要。

重视生活还是关注生命，是区分人凭感觉活着还是凭理性活着的分水岭。过分重视生活的人，往往只重视生活中的快乐感受和刺激，重视外求和外在所得，物质钱财变成终生唯一获取的目标。同时这种人要求外在社会和自然的环境尽善尽美。财富和环境是外在的东西，用外在的追求决定自己生活质量高低的人，必然活得很沉重，心急浮躁，内心迷茫。追求外在，就是将人自己的心态完全放在那些客观外在的条件上。物质财富获得多了，自己生活会更好；外界环境好了，自己即有可靠安全保障，此时更感神情飞扬、悠然自得。反之，外在获得不如己意时，定又感到心灰意冷、沮丧消沉。人只靠外在获取，心态必然在此一高一低、一扬一抑状态下反复不定，痛苦不堪。过分重视生活、较少关注生命的人，把高兴愉悦和痛苦烦恼，全押在这些外在条件及环境上，丧失了人体本能自主的一面。“心随物役”，必无持久的快乐可言。这种人整日提心吊胆地瞪眼外在物质条件和环境的变化，外在好，心就快乐；外在差，心就痛苦。人围绕外在而活着，内在那颗本能“心”的能量，就成多余，何尝不痛苦烦恼？这种时时悬在空中的“心”，便不能自主本人的生活和生命。

关注生命就是重视人最珍贵的生命存在和生命质量，是抓住人生命的自身，从人的心灵调整出发，寻求满足人生命的需求和乐趣。这种人，从人体需求本身出发，需要一些生活成本，既把改善生活条件、提高生活质量当作奋斗目标之一，更注重心灵改变，理性地应对一切外在环境。将外在客观和自身主观有机地统一起来，不仅接受外在好的和差的环境，更能操控自身，把握内在心灵走向，从生命自身适应上增强正能量。这种人，物质丰厚时不会狂喜，物质短缺了不会太悲；好环境，能欣然接受并感激；差环境，能顺其自然，适应自然。他们内心始终处于平静状态。这种人深知，当今物资再短缺，地球上真正饿死的人始终比生活条件优越造成病死的人少。人最珍贵的是生命，掌握生命只能从外在和自身内在两个方面着手，而且内在自身的掌控的力量更大。这也是主动和被动辩证法的合理运用。

改善生活环境，提高生活质量是人类的永远追求。多创造财富是通常人的终生理想，与社会发展大目标是统一的。追逐环境改善、谋求人生好位子，企求名望也是人类的合理要求。关键是这些外在的获得不可当作唯一的需求，外在取得更要有内在心灵的参与。因为外在取得随时随地都有多和少，好和坏。若无内在心灵参与，外在的东西多了，环境好了就狂喜，财富少了，环境差了，就悲哀痛苦。这两种获得都将大大刺伤心灵，刺伤生命。生活改善或下降成了狂喜和烦恼的双刃杀手锏。生活改善了，生命和心灵受到伤害，这种生活改善还有何意义？

关注生命，就要重视生命的质量。人生最重要的是关注生命。重视生活只是重视生命中的一个方面，求得肉体需要的满足。人一出生，最珍贵就是人的生命。重视生命质量，就是人生一辈子让生命活得健康、愉悦、自由。时时感到内心轻松、沉静、淡然。这种人无忧无虑、不焦不躁、不烦不怒，感恩社会，生在天地间，活在时间的过程里，知道自然地老去，逝去……这就是生命质量高的表现，也是人生命的本真。生活和生命的关系，实际是表象和本真的关系，这就是重视生活和关注生命的辩证统一。

人的生命很脆弱。生命产生的机遇万分珍贵，生命消失现象也是刹那间的事。对人和所有生物来说，生命只有一次，而生活可以悠悠地过，一辈子过。生活靠外求，生命保养和呵护用内求，用人自身心灵、心态、心情等情绪的调整而求得。人的七情六欲不安定，是残害自身生命的最大刽子手。人的被怒气死、着急急死、烦神烦死、被恐吓死、被忧愁死、让悲伤死、让喜狂死……古往今来大有人在。当然，有的发生在突然间，更多是慢性伤害着自己生命。这种突然和慢性的生命伤害，都是和社会刑法无关的自杀行为。人肉体生病，可通过外在的医疗手段治愈；而心灵病了，只能靠人自身调整治疗。人通常把外在肉体的病当回事，对心灵的病却不以为然。但是，心灵情绪方面对肉体致病和病愈，都有着更重要的推动和影响作用。何况今天又有几人能做到心灵安静坦然而不处病态呢？人活不到自然寿命，除生活方式不健康因素外，可能绝大多数是处于自身心灵的病态之中的缘故，且是更加重要的伤害因素。今天的人，若能维系好这颗稳定的心，外加健康的生活方式，也许就能和自然界生物一样，活到宇宙苍天赐予的自然生物寿命——120 到 150 岁。

人的两种生命动力

人的生命动力有两种，一种是看得见摸得着可测量的肉体生化反应产生的物理动力；另一种是精神牵拉的看不见摸不着难以测量的心念动力。前者通常叫人的体力，是生理性的能量。小孩、成人、老人、男人和女人的体力都各不一样。人在生长的各个阶段、性别差异都会造成体力大小不同。人体力不同显而易见，有大有小、有强有弱，体力发出的“力气”可以测量出大小数据。国家对应征入伍战士、招收的运动员，一般都在体力强者人群中选拔。女性和老幼弱病残是社会公认的弱势群体，通常都受到社会的优先关照。这种按体力挑选强的和关照弱的都由不同人群体力优势决定。入伍战士和运动员的价值一般看中的是这些人的“力气”。这种肉体释放的生理“力气”，产生于人自身生化反应的物理动力。人的体力大小差异是随肉体、筋骨、内脏强弱而产生的。但这种物理性动力是有限的，身体壮如牛的人也不敢说他一拳能打死一头大象。第二种心念的生命动力是人体心念、心情、心情调整激发的动力。这种看不见、摸不着、难以测量出的动力，必依附于人肉体而存在，它不会跳出人体之外而发挥作用。这就是精神牵拉着人的心念，让肉体产生不可估量的大和小、善和恶的动力。人们可随意闭眼想一下，人肉体无时不在被心牵扯着进行一切活动。人们的肉体心脏无时不在“扑通”着，心念在翻腾着。抽象的心念扩张无拘无束，每个人怀揣一个小兔子，心念随时在翻动。这种翻动扩张的心念，不是善就是恶，敢往远处想，敢往高处飞，无边无际……有时，心念动起来一发不可收拾，这种动力常常使人产生踌躇满志，神情飞扬，或是心神不定，疲惫不堪，甚至让人丧失理智。欲收住放荡的心不让扩张，没有一定功底的修养境界，是难以奏效的。当然，经过修炼的高人，能收住心念的奔放，也必须将心放回该放的位置。心态摆正，做到静、定、收、净，肉体就会活得潇洒自如，坦然轻松。人心态若往善的方向扩张，人生就会有理想，有怜悯之心，且切合实际。这种人，看世界总是美好的。他们更能感恩社会、帮助他人，危难时刻甚至产生挺身而出敢于献身的强大动力。这样的心念动力，必推动人躯体朝健康良性的道路上行走。人的心态如往恶的方向扩张，人性就会走向极端，看世界、看社会、看他人总是坏的多，好的少。这种人为了己利，常与外界产生摩擦，甚至心向邪恶，行动受恶气支配，直至走向犯罪，祸害社会。这种恶劣心态产生的破坏动力很大，社会上无数起爆炸、杀人、行凶、恐怖等凶恶案件发生，说明了这类人邪恶心念的力量巨大。佛教中说过，一个人心生邪恶，看世界就是邪恶；心生善良，看世界就是美好的。

第一种人生理性的物理动力，即人的体力、力气，它的产生有着本能的原因：如父母健康差异的基因遗传，后天食物补偿喂养的好坏，社会提供环境的不同，本人生活方式、习惯、性格的磨炼，都是产生这种动力大小的重要因素。世间绝大多数人，都将精力放在培养提高这一动力上，主要是物质财富增加和生活环境改善方面，更注重对于教育和体质锻炼上。第一种物理生物属性的动力产生，同人们生活生存条件密切相关。谁都希望自己成为优秀，但要付出成本，这时物质大小成本起着重要作用。

第二种心念动力的大小和善恶，既来自生命本能的遗传，更来自社会熏陶、文化教育培养、人格道德的培育训练，还有自身的刻苦修练。这种动力属于人的社会属性，培养成本大多是精神范畴的，成本未必很高。人生理属性带有动物层面，自然、本能；而社会属性强大才是人类文明进步的体现。第一种生理动力是有限的，第二种心念动力是无限的，虽能量大小不可估量，但最易被人们忽视。心念动力大小与人体力强弱无关系，关键控制好释放的善恶方向和无序的心态。

人的两种生命动力都很重要，但作用更大的是第二种。因为心念动力支配第一种动力作用的方向并规范其作用程度。体力作用再大，可“劲”往哪儿使，还会受到第二种心力作用的支配和判断的。心力作用虽成本比体力作用低，但人们一般更重视前者，且不惜花费很大的精力和物力。这种人往往还能找出颇具说服力的理由：人体健康不是第一位的吗？回答是“不完全”。因为任何人的健康都包括心身健康。仅有体力的健康，没有良好的心理健康，就无从谈什么人的健康。人心态力量的作用，比这些本能的体力作用的能量大得多。心念一动，地动山摇。善念发作起来，可以牺牲自己去舍己救人；恶念发作起来，将不顾一切走向极端，会杀人放火，行凶作恶。

既然第二种心念动力如此重要，人们就要注重心念动力的培养和修炼。人们可通过正能量的文化教育、道德的培养，树立良好的社会风气和人文环境，向有奉献爱心和先进模范人物学习，尤其要注重自身品行人格的修炼。大家都这么做，人人都提倡文明律己，第二种心念动力的感恩之心发扬，邪恶念头收缩，整个社会好的风气必将好起来。西方学者提出“心情教育”的新概念，就是通过他律和自律，训练人本质中最深层的动机，使人的知识、品德和意志都能朝着最崇高的目标发展，使人的情感欲望建立在美好心灵和健全人格的基础上。这种教育就是人的第二种心念教育。这是最文明的人类属性。我们的心念和人格健全了，不仅价值无量，更能和人体格力量结合起来，这才是人的真正的价值力量。

人在必然中认识，偶然中选择

宇宙自然界的事物发展，有其自身规律，这种规律性就是事物发展的必然。对人来说，在事物规律面前，即必然面前，只能接受，不能抗拒。规律虽看不见，但它客观存在。规律无选择，只有一个，不接受也得接受。必然是在无数个偶然形态的包含之中，人们看得见的是众多事物偶然摆放在你面前，这也即人们选择的机遇。于是形成了人们终生对机遇的选择。

我们的生活就是在选择机遇。然而，呈现在人们面前的机遇有多种。盲目选择还是理性选择，机遇选择命中率是大是小，或是脱靶，随时会给选择的人带来惊喜或倒霉，无人能逃避这一命运的随机。也许有另一种说辞：不选择，“靠碰大运，赌一把”。这种听天由命、任其自然的心理，是一种赌博心理，仍然是选择机遇方式的一种。无非将选择命运放在各百分之五十的概率里罢了。这是一种不怎么动脑筋的低端选择方式。

人都摆脱不了选择，且都想命中的好事多多，坏事勿惹。人类有这种“趋利避害”的人性本能，属于正常。自然界事物向人们呈现的机遇是客观的，好坏都有，不可能随人性欲望赐给。诱人的好机遇总容易被那些理性和智慧的人获得。“机会面前，人人平等”，指机遇的客观两面性。社会还可营造机遇，民众盼望的政策制度、公平合理的政策制度出台，标志着有一个公开、良好的社会环境。然而，宇宙自然界、社会生活中，未有显露的机遇往往隐蔽得很深，事物发生和发展的结果很难预测。“世事难料”就是这么来的。世界上有多少有才华的失败者，有多少高学历的无业游民——通常是因为他们出现了机遇选择错误。

机遇虽多，为此，选择很难。一般情况下，摆在面前的机遇越少越好选择，越多越难选择。有时甚至就一种机遇在你面前，选是你的，不选也是你的，无挑剔的余地了。不管好事坏事都得承受。谁都知道，机遇的结果最诱人，好的机遇可能出好结果；差的机遇一般带来坏结果。当然，实际生活里，也有少数人将好机遇做成“坏”结果、差机遇做“好”结果的范例。这是少数，是执行人的素质带来的。本文重点讲述人对机遇的选择。

人终生在机遇中选择，要选准选对就不那么简单了。现实生活中，有人常碰“好运”，好事连连；也有人厄运多多，倒霉事总有他的份。人选择机遇，是主观和客观发生的关系。客观机遇公平公正，人为造就的“营私舞弊”，早就划好“圈子”的“机遇”，是不按规则出牌，另当别论。它是法律法规惩治的对象，这里且不论述。客观机遇中，一种是社会和人们创造的机遇；另一种是自然界“老天爷”赐给的机遇。如何选择，才是人们生活中的难题。人的生存环境不同，在同样公平的机遇面前，即使选择相同，最后出来的结果有可能大不一样。落后环境生长的孩子、穷人家出生的孩子，若同发达地区、富人家孩子选择同样的受教育培养机遇，后者的结果一般优于前者。为此，机遇选择应该是从本人所处环境下手，才是最适合、最好的，而不是和他人选择一样就叫公平。

机遇选择是偶然。人生有无数个、无限次机会在你面前提供选择，让你眼花缭乱，这正是考验你识别机遇的智慧和能力的时候。智慧帮助我们对事物必然性的正确认识。事物发生发展运行的内在规律就是必然性。事物的这种“必然”性是看不见、摸不着、甚至不可言明的东西。正如老子说的“道可道，非常道”，即能说清的“道”，就不是真正的“道”。但它隐藏在事物内部的发展规律是客观存在的。无论承认与否，它都客观存在。老子说的“道”和西方哲学家说的规律，都指同一回事。宇宙、自然界，社会发展、人类自身，都存在自身的运行发展规律，即必然性。太阳公转一周是一年，地球自转一次为一昼夜。春夏秋冬，一年四季，白天黑夜转换的依次循环就是自然界的大规律。植物从种子发芽、开花、结果到枯萎；人和动物的生命繁衍；自然界各种事物状态的大小、高低、冷热、有无、强弱、盛衰……转换变化；人类社会发展、制度变迁、经济发展等一切，都有其内在发展规律。地球人的男婚女嫁，生存、生活、交往……无不包括内在的规律。人们在把握和选择机遇面前，应尽力认清事物的这些发展规律。如此，才有可能让机遇选择命中率高一些，准一些。青年男女成家是必然，可双方选择适合对象的偶然有无数个；人要住房是必然，可选择别墅、楼房、平房、瓦房、土房的机遇，又是每个人根据自身条件选择的偶然。自然界、社会一切都是如此。认识“必然”就是“悟道”，也就是懂得了事物发展的道理，才有可能选择较好的偶然机遇。

选择机遇对上路子的人，必然是认识事物发展规律较深刻透彻的人。悟“道”是对必然的认识，悟透是对事物发展的深悟。“天下大势”悟清楚，摸透了，就可获得挑选偶然机遇的有利条件。通常，聪明智慧的人，认识必然性深透些，挑选好的偶然机遇的概率就大些；反之，愚人、懒汉，碰上“差运”机会就多些。

实际生活中，认识必然是学知识、长智慧，多思考、多实践。对事物必然性悟得深透一些，是人们寻找“好运”的正当渠道。

文化养生——治疗现代“文明病”的根本药方

发达商业化的现代社会，多数人从欲望“外求”而获得满足。人有七情六欲，当然需要适度的“外求”，但一些人对身外之物的索取近乎至疯狂，他们不惜用健康换取更多物质财富，用生命追逐地位、名望。得到这些后，个人生活消费在奢华无度的日子里：食物贪精细，整日美味佳肴代替粗茶淡饭；出门汽车，让本能的双腿功能退废；上班坐转椅，回家躺沙发，迈出两条腿似金子一样贵重；睡觉之外的眼睛，不盯微机、手机视频，就盯在电视屏幕上……这些人作息规律全乱，晚上迟迟不睡，早上免吃早餐，晚上应酬海吃狂喝……让肉体浸泡在豪门贵族的日子里。这种人旧欲望满足很快乏味，新欲望又将产生。社会激烈竞争的大环境，让人身累心烦。于是，因为生活方式紊乱引发的现代“文明病”接踵而来。血压、血脂、血糖三高的人群大幅上升；体胖肚圆者比比皆是；冠心病、脑血管病、糖尿病、抑郁症，以及本该迟发的老年肿瘤疾病都已提前到来。这些易在经济发达国家的现代“文明病”，却很快在发展中国家的我国人群中大量出现。其原因是出在一些人生活无度的享受上。这些人还美其名曰“享受生活”。无法评判“享受”这一词语是褒义、贬义，还是中性，但就它快速带给人们的现代“文明病”这一点来说，这种“享受”该属贬义了。

这些人也知道健康身体之重要，并寄希望于外求养生和治疗。贵重保健品养生，高尖端医疗检查，昂贵进口药物治疗，找专家名医呵护……以为高营养、名贵药物，尖端设备查体，名望专家呵护，即可同自己健康水平成正比。其效果证明；路子未必走得通。很多有作为的大款，老总、名人，还是英年早逝。为此，仅用钱财去“外求”健康不是最可靠的养生之路。

“内求”是对自己内在价值的追求。用人类数千年创造的知识文明积累净化的心灵、增长才智，即改造主观世界适应客观现状需求。“学者为己”，即读书治学旨在修身，修炼心灵。人自身对各种疾病有强大的自我修复功能，只有在心身合一时才发挥。必要的药物治疗虽不可少，医生也只治身不治心。“治心”必靠自己，且能量巨大。人生哲学之父詹姆士·爱伦说过：“人心是宝藏，要领悟人生真谛，就得努力开矿探宝。”精神是身体的天然保护神。那些可怕的精神缺陷、纵欲、随性及各种各样的罪恶，都会创造出心灵的疾病，随后必在自身肉体上再现出来，导致生命的挛缩。

广义上的文化内涵无所不包。读书产生美，读书使人年轻，读书让人登高望远，读书使人心灵净彻。经典作品凝聚了古今中外名人圣贤智慧的言论，里面蕴藏着深厚哲理、人生体悟，是智慧源泉，是永恒的价值，人类的共同财富。读书是独树一帜的治病方法。好的书籍犹如技艺高超的心理医生，在人阅读过程中，通过精神——神经——血管——内分泌通路的协调，使人体血液循环、新陈代谢加强，人与书中情节共鸣，产生出认知趋同、精神净化、意志振奋的效果。汉刘向说：“书犹药也，善读之，可以医愚。”历史上陆游嗜书如命，读书舒心养性，活 85 岁。有人对欧美世纪 400 名杰出人物寿命研究，那些大量用脑的科学家、发明家比一般人寿命高12岁。1940年已故诺贝尔奖获得者寿命均在80岁以上，大大高出通常人。中华医学会对老人存活率调查：脑力劳动者85%，体力劳动者39.6%，无职业者28%。文化素质较高的日本国民平均寿命世界第一。为什么文化与健康关系如此重大？因为脑运动直接促进脑健康，通过脑协调有控制全身的功能，达到健康长寿目的。所以，读书称“无声的心理疏导医生和无形的良药”，它能创造出一种通过心灵发挥作用，并使肌体平衡的完美疗法。现代社会产生的大量现代文明病，单靠药物已很难完全治好，文化也许是越来越重要越来越普及的药方。

中华文化博大精深，中国儒释道文化的相通同西方哲学宗教文化也是许多地方相一致的。1988年1月巴黎召开的世界诺贝尔奖会上，一名人文科学家称：如果人类要在21世纪生存下去，必须回头2500年，去吸取孔子的智慧。如民主意识的增强，孔子的“己所不欲，勿施于人”就可作一普世价值原则。因果及出世超脱文化同西方哲学文化也是一致的。认识做人和经营人生是两码事。人们追求生活提高、享受，还是追求生命本质的快乐？当然是后者。许多时候，把经营人生当一辈子大事，陷入急功近利，在狭隘中理解谋求发财或追逐官位名望的成功。把人生当作资本来经营，用市场化标准来衡量自己人生的成功，实际上未把自己当作完全的人类来看待。人是社会属性和生物属性的结合体，只看到生物属性的需求，就是外求。人越被世俗化潮流裹挟着，争夺在功利名上，只生活在人生的表面，心中就越是为“意义”的缺失而困惑焦虑和痛苦。真正的开心愉悦是发自内心的，享受生命的价值才是真正的享受。这种精神和生命价值的享受，只有内求，只有在文化养生中品尝和追逐寻找。

读书提高人生境界，文化让人心灵享受，让人忘我。有着通透后的思想，艺术般地品尝并思考着每天的生活，快乐自然而来。在遇到的挫折中品尝生活，何时何处没有快乐？文化是战胜苦难的精神支柱。文化知识让人调适心态，心理健康才是重要的健康。万物静观皆自得，自心有病心自知，身病还将心病医。治病先治神，药疗必先治心。为此，用文化内求，熏陶自己身心，自律不良的生活方式和去除非分之想，就是做好治病。真的疾病来到，也会在医师治疗和良好心态共同作用下，快速痊愈。

或有人问，为何多数长寿老人是不太识字的农村、山庄老人。文化是一广义范畴。文化不只是认字读书多少、学历多高。文化是人类世代累积沉淀下来的习惯和信念，文化是一种生活方式。那些思维和心胸开阔程度、做人方式、怜悯之心、处人观念、交往方式、生活方式、家规……都是文化。这些百岁老人虽无什么高学历，但是必有丰厚文化底蕴。

外求靠外在，内求靠自己。“外求”与“内求”成反比例关系。此多彼少，此少彼多。一个人通过内求获得的知识感悟越多，他对外在需求就越少；反之，一个人内在越少，他对外需求就越多。一个人精神世界越丰富，他的幸福对外依赖度就越少。一个精神世界贫乏的人，他的幸福对外依赖度就大。

总之，文化养生是治疗现代“文明病”逃脱不了的良方。

人"明知故犯"的危害性更大

"无知犯错"和"明知犯错"有本质差异。"无知犯错"是缺失认知的盲目犯错，对事物发展方向结果预测的无知而导致犯下错误或罪行。它不属主观意识上的故意犯错。"明知犯错"是主观对事物发展方向结果有预测，且故意去犯错或犯罪，属有意而为之。两者虽都犯错，但主观上存在"无意识"和"有意识"的重大差别，是根本性质不同的差别。前者是缺失理性的盲目行为犯错，后者是在错误思维主导下有意识的犯错操作。一般情况下，前者通过教育，执行纪律、法律，让其明白事理后，容易自我纠正。"故意犯错"是不容易纠正的，直到动用法律、法制手段，强迫其承担所犯过错或罪行责任。也叫"不撞南墙不回头"或"不见棺材不落泪"。

错误思维主导下的犯错，小到说谎、斗殴、生活方式无度，大到诈骗、行凶、贪污受贿、恐怖暴力……无时无处不有。人际间相处、交往发生的一些谎言、欺骗、不实在等在所难免。那些金融诈骗、害人药品、有毒食品销售、刑事上的抢劫、偷盗、杀人、纵火直至恐怖暴力、黑社会猖獗等，是不可容忍犯罪。这些犯错或犯罪者，用主观思维上的错误理性，明知事发预期结果不妙，甚至暴露后落网的可怕结果在等待，他们仍然我行我素、勇往直前、干了再说。这种错误思维产生：一是侥幸心理，干了坏事以为别人不知晓，或查不出来，试图蒙混过关。在评估干了坏事的风险上，过分抬高了自己，低估了法律法规的威严打击和力度，二是“豁出去”心理，反正坏事干过了，“破罐子破摔”；为达到自己的目的，不顾天理法网。爱咋咋地，不想好了；三是恶念到底，仇视社会和他人，坏事干到最后，始终用疯狂的心理，谋划同法律法规周旋对策，甚至有的带团伙性质、某种政治图谋。后两种人再犯错的概率更大，如诈骗分子、黑社会犯罪、恐怖分子。他们有的受过专门训练，甚至用“自杀式”爆炸破坏，对社会和人民生命财产危害巨大。不过，这些过街老鼠人人喊打的“明知故犯”者，容易让人识破。他们的罪恶活动只能靠伪装，背后偷着干。

犯错是人性的难免，谁都会犯错，无人能逃脱。但绝大多数人犯的错是对客观事物及规律认识不足，属“无知犯错”。这些犯错人往往还原谅自己为“失误”。谁又敢说没有“失误”过？通常这种多数人群，会在不断失误、不断学习、不断总结教训的过程中纠正错误，提高自己。这类“犯错”造成的后果损失对象，通常是自己，也有少数危害社会和他人的。当然，对未成年人、精神有缺陷者，有时过失犯错，犯罪也很惊人，比如，吸毒、偷盗、杀人、纵火，危害社会和他人生命财产安全。这类人，属生理或心理上不健全，另当别论。多数人因认知不足犯的错，有时还是“好事”，坏事变“好事”。人在不断犯错中提高自己，通过总结教训，更能提高自己理性认知能力。世界上没有不犯错的人。每个人从盲目到成熟，都是在犯错中通过总结教训，不断提高自己的。错误承担的后果损失，是犯错者一桩吃亏的买卖。下次继续犯同样的错，再次承担吃亏损失，一般人是不愿意的。这是多数人自觉改错的重要原因。当然，这种犯错损失，对社会他人的危害性相对较小。多数是害己不害人。也有害人不害己，或害己又害人的，破坏力度相对较小。

“明知故犯”的错，既害己更害人。那些冠冕堂皇、隐蔽性深、危害社会和人民利益的贪官就是如此。受贿和行贿双方，都是“明知故犯”的利益交换人。他们双方“利益”交换量未必对等。但各方都藏着不可告人的清楚目的。受贿贪官图的是钱财利益；行贿方为更大经济利益或得到政治庇护，受损失的是国家和人民。这些人的智商不低，各方心里都有清楚的一本交换预期利益清单，同时也明白“犯事后”法律觉察时要付出昂贵的政治经济代价。这些都是“明知”而打不尽的“老虎”和“苍蝇”们，一拨打下去，另一拨又冒出来。“利益”诱惑力是人性痼疾，也是“野火烧不尽，春风吹又生”的重要原因。“明知故犯”本能的人性利益诱惑，一颗贪婪的心，忘记人类是由精神和肉体组成的结合体，理性和感性的统一物，区别于其他任何动物，失去理性妄图和法律较量。把身外之物看作唯一，牺牲人民和社会大众的利益。他们为一己之利，将本人推回到动物的层面上。这种人东窗事发时，往往在牢狱中痛哭流涕，此时又回到人的理性高度。不过，为时已晚。

人的社会认知能力不同，各人行为方式和产生结果迥异。虽然犯错人人难免，但绝大多数人在理性和社会文化文明的熏陶下，配合纪律、制度、法律法规的约束，自己的病自己治疗，对国家和社会人民利益损失无碍。要警惕那些明知故犯、胡作非为、明目张胆敢于危害社会和人民利益的恶人。防范那些隐形的、冠冕堂皇的“老虎”及可恶的“苍蝇”们。这些人对国家、社会、人民利益的破坏力度大、罪恶凶险，必须用严酷的法律法规对付他们，保障社会的和谐安全。

日子总会越过越穷的

瑞典人生孩子，出生的孩子档案上有“财富”栏，且填写着“时间”。把“时间”比作人生最大财富，实在精辟。人出生起始，就有一大笔财富——一生存活的时间，时间即日子。在有限的时间里，人生不可以创造出一切。按此计算，正常人的婴儿期财富最多，随着长大，成人、变老，时间的财富逐渐失去。人老临终，“时间”财富剩下更少，直至耗尽。所以，每个人的日子总会越过越穷的。从这一意义上讲，钱财再多的人，丝毫不能改变日子越过越穷的趋势。度过这种逐渐趋少的日子，是件极不容易的事，更体现一个人的活法。人生日子财富多少差别不是很大，通常人活七八十年，老天赐予的“时间”财富大体是公平的。但是每个人享用这一时间财富时，有的人一辈子活得丰富、精彩、有意义；而有些人在同样差不多时间财富里，却活得抑郁、单调，甚至凄惨、悲凉。为什么财富差不多，而活得如此不同呢？差异来自每个人的生活智慧和刻苦勤奋的人格品质。虽然家庭环境提供的物质钱财各有不同，但这不是最主要的原因。富人家孩子未必将来一定成才；穷人家出生的孩子未必就不成才。前者虽然有生长环境优势，但这不是孩子成才的唯一条件。有句群众语“富不过三代”，广为流传。正反例子太多，无须列举。在人生有限的时光里，如何让生活过得更精彩更有意义，不妨参考下几点。

理顺人生不同阶段付出的顺序。先苦后甜是幸福的人生；先甜后苦是痛苦的人生；终生痛苦是不幸人生；先甜后也甜是特殊人生。而后两种是较少遇上的。孩子出生首先打上“穷人家”还是“富人家”的烙印。前者家庭的孩子出生，孩子便先天性地遭物质不足限制，苦日子伴随长大，稍懂事后便知道：父母钱来之不易。一旦有好的家规家教学风等优良传统熏陶，便会奋发努力。刻苦学习，培养出优良的性格习惯和品质。长大后成才，快乐和幸福将陪伴着下半生。反之，后者也在同样优秀的家庭文化中成长，能刻苦勤奋，不躺在优厚物质资源享受上，长大成才会更容易些。人在年少，应是“时光”最富足的时候。有大把的光阴可以虚度。先苦后甜是人生在付出时最好的顺序。勤学苦练，珍惜时光，“一寸光阴一寸金”，时间是真正的财富。不管出生在何种家庭，从小就吃点苦的孩子，就是在培养好品质、好习惯、好身体，储备学识、能力和健康，是人生必经之道。若倚仗“时光”富有，年少时懒散享乐，得过且过，什么都想放在以后再努力的孩子，最后将成为“少壮不努力，老大徒伤悲”的人。人到中年才发现时光丢了不少，穷了许多。但用失去的时光，换来了知识技能、优良品格、健康体能、好的习惯。有了这些，即可立足社会、创造物质财富、享受精神快乐，就是人生有意义、丰富多彩的人。人到老年，有了前两段人生创下的基础积累，悠闲地过着自己想要的生活，悟彻着人生终了的必然性，即便到日子耗尽的时刻，也会因没有虚度人生而含笑终生。

生命的光阴失去，丰富的生命宽度增强。虽时光越过越短，但用丰富的宽度可换来生命的质量。生命价值是衡量一个人活出意义的评价。时光渐短直到失去是衡量一个人生命长度的标尺，重要的是人活得有生命价值。人是自我的，又是社会的。一个人有丰富的知识智慧、善于处人处世的优良品质，能为自己和社会创造出财富，为他人付出善意、善心、善举，定会得到社会认可和欢迎。这种自己活得精彩丰富的人生，就是对社会有意义的人生，虽然时光逐日流失，但更有人生价值，这就是生命的宽度。

人老了，时光流逝更多，时间财富少了又少的忧伤，全凭人的“感觉”。不过，给“感觉”增添“营养”倒是一种选择。增添营养就是让感觉发生变化。“境由心生”，这个世界未变，但个人如何看待这个世界却有很大差别。一个自信的人，抬头多，常见的必是阳光，内心灿烂；一个抑郁的人，闷闷不乐，常低头，看到的定是垃圾或阴霾，内心痛苦。老看着阳光的人，虽觉活着的时光不多，但生活仍信心满怀，生活目标希望不减，快乐过好每一天。美国北部阿拉斯加生活着的因纽特人，从不讲人生一辈子年龄，只承认每天就是一辈子。他们认为白天是活着，夜晚睡觉就是死去，第二天醒来又过着一天的另一辈子。把每天当一辈子过，多么地热爱生活。把日子掰碎了过，成就感、自信心就来了。这才是真正的过好“当下”，文化能改变人的感觉，是最好的人生营养液。古今中外几千年文化积淀是宝贵的人生滋补品。人生活在现实里，超脱在现实外，思维探究在现实背后的本质里。洞察透了宇宙自然运转规律，会发现时光特别公平。生老病死对谁都一样，无法逃避。用古代道家庄子“乘物以游心”，用心游的人，已无生死边界。有了这一境界，人的思维和感觉，即刻轻松沉静，害怕什么时光流尽呢？世上有怕死，也有不怕死的人。战场上，为国家和民族利益敢于献身的战士不怕死；为救他人和公益挺身而出的人不怕死。当然想自杀的人也不在乎死；干坏事的杀人狂和恐怖分子，搞什么“自杀式爆炸”危害他人生命财产者，也不怕死。人本是人，但心境差别巨大，无私奉献和丧心病狂者都有不怕死的。但两种生命意义却有着天壤之别。从中看出人的心境力量很大。好心境，增添人们心态营养液。有风度和内涵的人，在日子财富耗尽时，穷到最后的境界，那种感觉仍是高尚的。

品位是内涵的自然流露

品位是人和事物品行、品质的位次。品位对一个人很重要。品位是一个人的品德、教育、风度、行为举止，做人信条，处世方式等外表流露的重要方面。人的品位是独立的，存在于每个人内在的骨子里，是人格品质、习惯及与他人交往风度的对外展现。人的品位不是自封的，而是他人的信服和认可。好品位反映着一个人的文化内涵和内在高尚。一个正常的人，总希望自己显得有品位，更盼别人评价自己有品位。人无品位，社会厌弃；物无品位，潜在损失巨大。改革开放，中国不少地方大中小城市风格设计雷同，未结合当地自然风貌、山川河流、人文习俗而建造有当地特色的新型城市。他们照搬照套，千篇一律，连产业发展方向都走其他城市重复过剩的路子。一座没有品位的城市，生活着一群没有品位的人，能想象出这座城市的明天会怎么样。因为物的品位高低，受人的品位决定，重点还是谈人的品位。

品位是通过人的较长时间学习、实践、修养、历练才可打造提高的。西方名人巴尔扎克说过："三代才能培养一个贵族"。且不说那个"贵族"是否一定是高品位，但起码是修养内涵的提高不是短时间可以做到的。在国内，有可能三年能培养一个经济上的暴发户；也有用行贿、"溜须拍马"手段，很短时间弄来个乌纱帽；也不乏有钻政策空子的“能人”，投机取巧，利用欺骗手法迅速发财致富的千万财主、亿万富翁。一顶官帽、亿万富翁，整天以出入高档场所消费而自豪、穿戴摆阔，摆官架子、显摆势子、开豪车、住别墅……然后佯装着高雅、时髦，就认为有品位，岂不让人发笑？实际上，这些人外表成功与内涵丰富差距甚远。

有品位不是学古代的正人君子。现代人品位需适应当代社会和时代的认可。古时正人君子往往专指那些读死书、四肢不勤、五谷不分、缺少实践经验、谨小慎微的谦谦君子。这些人张嘴“之乎者也”，整天舞文弄墨，未必能将天下百姓疾苦放之心上。他们多数人是封建四大夫阶层的卫道士。虽然这些人举止文雅，说话文乎，但广大百姓不欢迎这样的文人雅士。品位要适应时代性，就是人民性。大多数人接受、欢迎、尊重的人品，才叫有品位。不同国家、不同民族要求的人品也有各自的特点。西方贵族也不是中国大多数民众欢迎和希望的。西方有些贵族只是上层少数专有的那种盛气凌人、居高临下、西装革履、生活奢华、专摆派头的高高在上者，他们只与豪华门第对等家族来往，虽处处显有绅士风度，但这只是社会上层少数利益权势代表的道貌岸然，是西方发达国家贫富差距尖锐对立的另一方。

我国特色社会主义制度下的有品位的人，眼睛应视多数民众利益至上为基本立足点。“人不可貌相，海水不可斗量”指人需有内在特质。内涵上有丰富的知识和机敏的智慧，处处尊重他人；遵守社会公德和法律规章制度；心地宽宏大度，严于律己，彬彬有礼，说话有分寸，关爱社会。本人有文化内涵，不是指单纯的学历、职称、学位，而指该人的文化素养、品德修炼、人格魅力。这样的人无论自己身处何种地位，上层或底层、富或穷，都有一颗爱人之心、热爱社会的高尚人品。不管在明处或暗处，外表或深层，这种人始终都有一颗约束规范自己的“心”，按“良心”和公德处人处世是唯一信条。这种人遇公共或他人有危难时，会挺身而出，他人受灾时会施财相助。这种人有丰富的自身文化素质教育，处人处世总是那么有分寸，合情合理，不管他们腰缠万贯或是腰包寒酸；不管住在豪宅或者普通居所；无论有官位还是大众身，都会始终如一地按一种良性信条去为人做事，这才是真正的有品位的人。

品位重点由社会培育，更需要自我提高。古往今来，凡高尚有品位的人，人们会长久记住他们的做人痕迹，记住他们的信仰良言。那些仅有高官或财富颇丰的人，未必会赢得人们的长久记忆，甚至对那些恶官、脏官、有财无德的人，其恶名倒少不了人们的背后议论。品位人生是较难达到的，不是靠有形的外表华丽，大把甩钞票，装派头就能获得的。人的品位高尚，是人终生学习、修炼和熏陶出来的。知识丰富，通情达理，有坚强定力的理性，通常与小时候严格的家庭文化、家风、家规、家教培养有着很大关系。只有终生刻苦、严格自律、怀一颗博大胸怀、心装多数人利益、感恩社会的这种人，才是自然流露的一个有品位的人。

人有品位，事物也有品位。一件美好的物品，人们一眼望去，能自然透出一股品位感。办一件事，大方自然有分寸，也是这件事的品位体现。一座城市有无品位，代表着这座城市设计、建造拍板人的品位。但事物品位本质是受背后人的品位所决定。有品位的人办事必有品位。无品位的人，所办的事必无品位。人才是真正品位的决定者和支配者。

人际相处实为人性碰撞

世间，人际关系相处比人对事物的处理复杂得多。人是群居的，谁也回避不了与他人的交往。人际相处的表面，是人与人发生关系，实质是你我不同人性间的碰撞。人群有共同的人性，更有千差万别的个性。人性流淌，千种万样。人性碰撞基本受两大核心牵扯。一是血缘关系，亲情纽带，还有朋友、派别、团体、群族、国家、同信仰等圈内人。通常亲情间、圈内人来往，人性容忍度大些，争斗力度小些；与圈外人交往，争斗力度大些，容忍度也小些。人群间争斗甚至发展到国家民族间的入侵打仗。人最本质的东西是非理性的人性冲动，它可使人充满生命力，让人处于"酒神状态"。但与社会交往时，他人对这种人性冲动未必认可，这就离不开人的理性支配。为保护血缘亲情发出的争斗是人性生物属性一面的延续。动物界有"虎不食子"之说，绝大多数动物护子是他们的天性。人类交往相处，还是离不开这一古老遗传因素影响。但在人的理性支配下，为信仰舍己而斗争者大有人在。另一核心是围绕利益，即名利的使然。人性的逐利、避害、自我等都属人之本性。这些虽属人的生物性一面，但它牢固捆绑着人性主体。以上两个核心的牵拉，决定着人的基本共性。几乎所有人都会被推到为亲情、为群体、为利益、为信仰而争斗的旋涡中。人际交往的明处或暗处，都摆脱不掉这两个核心的作用力。

人和动物最大不同是人进化到有高级思维。动物类相处靠本能的、自发性的生物属性支配，基本以顺其自然为主，随意性为主。人性的心灵活动时刻不停，活动的范围无边无际。人心想得太多，幸好有个升华的大脑思维和功能。脑思维不断将人性活动进行评估，并给予判断、预测、把关。评估成熟后，再支配行为可行或不可行。思维有牵制身体行为的功能，但人性，尤其心灵活动的状态仍是纷繁万千。

人之间相处，共性的是利益竞争。通常人们用协商，按规则解决维护竞争成果。竞争就是协商争取，争夺、争斗。争斗即有胜败、有输赢。人本性欲望是容不得自己输，只能自己赢，每个人都把这当作自己的底线。为此，大家会围绕这一利益核心发生人性碰撞，是人性的必然。人性碰撞形式多种多样，争斗力度都围绕两大核心。有血缘、亲情、群体、信仰相近的圈内人，力度会小些；圈外人力度会大些。此外还决定于利大利小。大利大干、小利小干，甚至利益大小决定争斗力度比圈内圈外更强烈。争斗事由还受正义有理、非正义无理的限制。少数无理争斗的人，为了利益，将恶劣手段极尽释放出来，要、拿、骗、偷、抢等随时会使出来，触碰法律也在所不惜。这种人使用手段有正面攻击，明火执仗，也有背后放阴毒使暗箭的。生活中，亲情圈内，若是为些小利、名誉、面子之类，往往耍耍小脾气、使使小性子、说说难听话，也就过去了。不过也有使用语言攻击或动起粗手的。还有一种争斗方式是用伪装，避开明目张胆攻击，“使暗箭”、“搞偷袭”、“冷暴力”等，用软手段，使计谋，迫使对方屈服，让自己取胜。编造假话掩盖事实真相、颠倒黑白的争斗方式，也是常有的。这种人伪装讲理性，用歪理、偏理佯装正确。因为谁都知道非理性站不住脚。这种人明知无理还不想被戴上不讲理的帽子。生活中用“小道理”压“大道理”比比皆是。人群里，家庭内、团体单位中发生争斗时，公说公有理，婆说婆有理，互不相让，都认为自己正确无比。通常国家和民族的利益、单位整体利益、家庭共同利益、长远的利益，应该高于局部、暂时个人的利益。但有时也难以讲通。理性的正确性是相对的。同样一个道理，在过去行得通，时过境迁的今天，往往则成错误。同一道理在此处正确，放它处就不正确。我国20世纪60年代灾荒，家庭分饭制，限量均分。当时粮食紧张，物少，那样做有道理，至少可维持全家人生命的简单需求。今天谁家吃饭分配，可能成笑话。汉族人吃猪肉正常，若弄到回民饭馆去吃就变成错误。着火现场抢救，若有人说我吃过饭再来救火，吃饭就变成无理了。所以，小道理在大道理面前，就没有理性。理性原本是正确的，但摆错了地方，用错了时候，就不具有理性。

人性千奇百怪，变化万千。在人们共存的社会里，人们眼睛看着自己，还盯着别人。自己比别人棒，高兴；别人比自己好，扫兴。大家过着差不多的日子，还是希望别人倒点霉，可刺激自己高兴；本人遇上倒霉事，不高兴，看着别人倒了大霉，又会庆幸起来。当然，这种气象万千的人性感觉变化，在亲友、同学、同事、左邻右舍间表现会更加强烈。山高皇帝远，看不到、够不着的，一般不比。马路上清洁工人一般不会计较某单位干部当上局长的。也没有中国人会在意，奥巴马当上美国总统，我为什么不能。人性攀比，是嫉妒心理作怪。人性还喜欢猎奇，马路上只要发生一件事，立即围上一圈子人看热闹。人们习惯追逐稀奇刺激自己神经，以获取娱乐开心。总之，人性是万花筒，每个人不一样，又大体一样。人群间相处，你这样想，我也这样想，人性碰撞不可避免。人之间和谐相处，就不是一件容易的事了。

人性的碰撞摩擦，实质是人生物属性在起作用。单个人的社会属性增强，生物性一面便减少；理性增强，自然的随性感觉会减少。反之亦然，非此即彼。所以，人要终生学习，实践中长知识，增智慧，增强理性。有颗感恩之心，多替别人着想，感恩社会，从自己小圈子跳出来，超脱出来，才能算个高人。社会上人的理性提高，人之间包容性、协调性会增强，人性碰撞变为协商、理解，人之间关爱增多，社会文明程度必将大大提高。

看别人“非”，看自己“是”
——人际相处的永远障碍

人群的多数特性是：看别人缺点，毛病多，看自己好处多，优点多。即“看别人豆腐渣，看本人一朵花”。也就是通常人的“自以为是”。20世纪中期，党的整风文件上常写着：不要拿马列主义手电筒，光照别人，不照自己。就是针对组织内这类人写的。对人对己看法欠公允的人性特点有其共性和普遍性。凡人群存在的地方都可找到。身处高位的上层人物，位于底层的普通人群，富人、穷人、男人、女人、老年人、成年人、青少年等各类皆有。团体单位有，家庭也有。这一毛病只发生在两人以上群体中，单人单居不交往便不存在。因两个以上人相处，才产生相互评价和看法。人内心有看法，不公开表白出来，是隐蔽型，叫“不得罪人”。能公开表露自己看法，是直接方式。同做一件好事，往往内心只记得自己贡献大；出问题，犯了错，总怨别人的多。人群中闹矛盾，都是别人的责任多，自己少。明明自己错，分析查找原因时，总喜欢找客观多，主观少。反正这种人评价和做事的习惯是：优点是自己的，毛病是别人的。对自己宽，对别人严。

挑别人毛病，是人与人相处的大忌。这种人缺乏担当，势必影响人之间和谐相处。单位团体中，有人爱搞弄虚作假，什么都往自己脸上贴金，他人心里未必服气，其结果，整体合力被肢解。人群相处，瞪着眼睛专看别人缺点、戴着放大镜挑别人毛病，往往形成习惯型自我观点：他人毛病多，不好相处，唯独自己好。影响团结，不利共事。家庭或成员间，老惦记着自己贡献大，牺牲的利益多；出一点事，都是他人这不对，那不该。争口舌，吵架不可避免。这时，还有什么亲情可言？犯以上错的，人多面广，容易形成人之间相互指责或是“斗心眼”的分散局面。这种人将干事业的精力，耗费在无谓的争斗之中。如此，单位团结损坏，公平友谊丢失，影响事业发展进步。在家庭，影响团结和睦，损害亲情、友情。社会中常发生的无原则争论、抬杠、吵架、打斗等都与人性的看人和看己不公正有关，是人力资源的一大浪费。

对人对己认识评价，是人性固有的习惯观点，它是在人们自觉不自觉中自然形成的，且又很难纠正。产生原因是人性“自我为上”的本能所决定。人类需求除基本生活需要、安全保障满足外，还自发上升到精神层面需求，更多想到的是表现自我。这种人虚荣心强大，容易欣赏自己，更希望接受别人捧、吹、抬，期盼别人承认自己价值存在。人之间有相容一面，更有抵触、排斥一面。双方在各自比较的内心里，都想己方比对方强。自尊、虚荣，加上得意自信的本性，往往产生看别人的标准严，自我评价标准就宽。于是，贬低别人，抬高自己；否定他人，肯定自己；爱挑别人是非、毛病，隐蔽自己缺点过错便自然产生，不公正的评价就不奇怪了。

“看别人非，看自己是”，并非所有人都存在。有的人能严于律己，宽以待人。眼睛看他人的优点多，长处多，较少注意他人的缺点、毛病。与他人共事时，出了错误、遇上危难，敢于自己担当……这样的人多，该单位、该家庭必然是团结、和谐。社会文化是提倡和鼓励这种风气的。社会良好教育和优秀的家庭文化传统培养，是改变看别人“非”看自己“是”的最好药方。人们都在社会中存在，必须增强人性中的社会性一面，应自觉减少自身生命中的动物属性。因为人的动物属性是自然的，本能的；而社会属性增强则是通过提高“改造”得来的。社会属性增加往往经历着磨砺的痛苦，“改造自我”意味着忍痛割舍自己不良的动物属性，这就是不断学习，接受教育，修炼自身，磨炼意志，唯此才能使人性舍弃坏的，增长好的。这就是用几千年人类文明文化的药方医治人性动物一面的必要性。社会在前进，人类发展进化几万年，离动物层面应更远。人类发展进步就是人的社会性通过相处相依的一面在增加，不忍痛割去旧习性，将不能适应新的社会进步需求。人们的文化进步更依赖于社会，依赖于他人，农耕社会靠自己单打独斗的环境已不复存在。所以在人性上，要在教育中改造自我，做任何事要换位思考，替别人想想。你尊重别人，别人才会尊重你；你多看别人优点、长处，别人也定会多看你的优点。在人性总账上，是各自不吃亏的。只不过将看别人“非”换成看自己“非”，看自己“是”换成看别人“是”。看问题方式颠倒一下，人人这么做，最后谁也不损失。人类社会属性就前进了一大步。

人性的生物属性是自然的，不需经历锤炼就具有；而人的社会属性增加，必须苦学苦练一辈子。

心态独立可增强自信战胜孤独

人的社会性弥补了相互间生活中的不足，同时产生人与人之间的思想依赖。在多元时代的今天，各人的生存方式和价值趋向有多种可能。在多条路、多种生活方式面前，作何种选择，人变得手足无措，思想更加不安。紧绷的心弦，让人紧张得不能安宁，轻松生活成了人们向往的时尚。大家总想从“身外”多得到一些，于是，依赖他人和社会眷顾，依赖大自然，甚至依赖“天命”，叩头拜佛都常有人在。人的自信心少了，得不到满足后的泄气，又让人陷入孤独。

究其原因，是人性的多种欲望作祟，是人性攀比功能膨胀。人的眼睛往往朝外、朝上、朝前看得多，内观很少。不知道自己究竟想要什么。明知世上没有“十全十美”、但幻想中总希望多拿到那个“十全十美”的高比例。有人评价自身需要和可能条件时，也习惯高估自己条件，自身价值取向模糊，只一心贪多求大，更未想想真正能给自己带来满足和幸福的是什么？是多少？用他人的成功作自己欲望的标准，总想垄断世上的物质财富，风光显赫的是虚荣心。这种人不知道自己能要到什么，认为别人有的，我也要有，把目标悬在踮起脚还够不着的地方。目标与客观实际相差甚远，是好高骛远。凭一时冲动、激情，盲目攀比的心和脚踏实地的距离反差越来越大，不苦恼才怪呢！还有人舍不得放弃，割舍多余也很难。未用心理尺子打量自己实际需求究竟是多少。再美的东西，不需求即成多余；美妙的目标追求，遇上力不从心的实际能力，是空想。不切实际的幻想，能让人的心放飞快乐，同时又给人带来“落空”的巨大苦恼。唯有舍去“不切实际”，才能实事求是地踏实生活，难题是“割舍”。印度前总理说过，“文明的精髓不在于需求的成长，而在于有目的，自愿地放弃它们”。佛家的“舍得”一语，说的也是放下。做到了，心灵才可获得轻松。

心态独立，即人生应多眼观内在，以内求为主。若整天将心放在外求上，整体客观环境的改变是件很难的事。这种人事业不顺时，怪对手太狠，环境不好；竞争中失败，说人家不是正道；灾祸降临，呼老天爷不公；自己犯了错，少找自身原因，而求对方体谅、宽待自己……这种人像未成年的孩子，始终希望着大人们的监护。人生千疮百孔，人人有大大小小不如意之事，最终还是努力着靠自己挨过，忍受的还是自己。一味“外求”的人，关键是看轻自己，让自己心理失衡，个性脆弱。乞求外界怜悯，这是一种心理孤独。

诚然，人离不开社会帮助和他人支持，但这些只是救急不救穷。实际生活中，事业拼搏时，需要有单位、同事、朋友、亲情的支持，但这种支持代替不了你终生自主奋斗的主体功能。决定自己命运的最终还是自己。从这层意义上理解，人是孤独一生的。孩子结婚离巢远飞是必然，心要独立，才好接受；人生病住院时的手术痛苦，即便医术高明，亲友看望问候，丰厚的关照抚慰……仍然代替不了你孤独承受开刀、打针、输液、插管、吃药、忍痛焦急等个人的痛苦。外来抚慰的作用，同自己承受痛苦力度相比，抵消承受痛苦比例太低，更不能代替。人的孤独不能避免，但有独立的心态，便可战胜孤独。心态独立者可站在人生高处，俯视人生的生老病死。谁没有痛苦？高层，拥有再多的人，同平民一样都要忍受，公平合理；人生一辈子有平静，有欢乐，也有倒霉和痛苦，谁都逃脱不了。心态通透，人的承受忍耐力增大，痛苦反倒减轻。这便是心态独立的魔力的作用。

心态独立和内心孤独，是幸福与痛苦两类人群划分的标志。独立是自我主动地别离人群，是自我调整生活情绪、理顺自我循环的良性心态系统；孤独是人群将他排斥出来。独立是不借助任何外力，孤独总是心存外力怜悯，但也难找到外力。前后是主动与被动之分。它们虽都是统一环境的不同感受，前者是主动忍受了环境的落寞，不让孤独成为思维活动的空间，自由自在地浮生闲时，反而能找到自我。找回了自我心性，享受每一天。心独立，拒受外界怜悯。后者常陷入不自信的悲苦之中，只想借外力帮助解除孤独，只能永远生活在乞讨中。心灵独立的人是精神富翁，靠自己精神营养输入，获得心宽神健。

心态独立是生命的真正享受。生活需要沉静，遇事静处之，彰显心态独立的强大功能。如此，矛盾激化、心理失衡的非正常状态，就很难出现。平静的心能战胜所有困难，增强人生的自信，度过孤独难关。因为心态沉静时的思路和引发的行为，将会更加理性，威力无比。这既是心理放松，也是缓解心理压力的绝招。

心态独立是心理精神的超越。人要通过实践、学习、修炼、感悟等多种方式获得。这是不带功利的、充实自身心灵营养的需要。一个人心态独立，不是事实中的拒绝与他人的配合，共事合作。

心态独立更不是孤芳自赏、好高骛远、自以为是，而是一种心态沉静和心态平和，是一种现实的理性和高超的智慧。每个人在现实生活中都离不开社会，但不妨碍个人心态独立。如此，人才可以增强自信，避免孤独。

人“自知之明”的难度

人贵有“自知之明”，是传统文化对现实中人的告诫和希望。实际上绝大多数人都在蒙昧状态下走完了自己的人生。许多人到临终时，也无法弄清楚自己人生关键与拐路时的对与错，一生重要决策的是与非。但“自知之明”永远是约束自身的一面镜子，也是外界和他人对提升自己境界的一句忠告。“自知之明”是良言，真正做到却很难。“自知之明”是对自身思想行为的解剖与评价。真实认清自己的分量、自身的不足和缺陷；认清自己的能力水平，德行高低；认清自己条件和现实位置及潜能；还要准确分析评价对外界环境，对自己任务目标完成的适应性……做到这些真的不容易。

想办成的事是客观，对自身和客观环境认识是主观。凡目标任务（想办成的事）完成得不好，必是主观违背了客观实际。不是高估了主观认识，就是明知不行还硬干。考试落榜即是这样；平时办事贪大求快，虽力不从心，仍贸然行进，导致失败就是如此；世界上多数事情完成是一步一趋，不经苦难磨炼不可获得。靠投机取胜的永远是少数；靠外界的“天上掉馅饼”，机会更少。追求一个目标，摸不清自身底细，识别不透客观环境的险恶与艰巨，我行我素，必然被碰得头破血流。人生在选择中过日子，选择目标要准确，一是对要完成的目标把握得准确、摸得透，能适合自己；二是对自身能力估价合理。目标选对了，实施中自己行为严谨、努力，行动方向对头，就有可能达到和完成所选择的目标。认识自己和世界的能力就是“自知之明”，也就是自身的知识、智慧、人品、分析及自我理解控制能力，包含勤奋、刻苦程度等诸多方面因素。一个人把自己估高了，把客观环境复杂性估低了，实施目标任务必将失败；反之，把自己估计低了，把客观环境估计得高不可攀，前怕狼，后怕虎，虽然完成目标时轻而易举，但又失去一次完成更好更高目标的机遇，会让人后悔。

以上几种表现，都会造成失去或浪费人生选择生活的机遇，对人生损失是重大的。好多人终生过得不太愉快，临老时感叹：当初我若怎样、怎样，今天就不是这个样子了。人一辈子，因不“自知之明”闯事业，失去的机遇造成的损失太大太大，只不过自身计算不出来罢了。这也是人对无限性潜能和有限性能力的发挥界限未把握准，造成了很多人的临终后悔。事实就是这样：人从小成长，入学、创业、选职业机会，成家时选择对象、交友、升迁、改行、辞职、生活方式……太多太多的选择机会。无人能说清从这些机会中走过来，自己都是对的。只能说有些人较顺利度过了自己人生，临老时对自己现状满意，说明这些人对人生拐点重大机遇把握得不错，也就是这些人“自知之明”的能力较高。但大都是“吃不准”的多，心愿未了的多，临老感叹的多。

人的“自知之明”说起易，做到难，是因为这四个字是人性弱点的一部分。因为人性弱点的“自我拔高”，先天的“排他性”，势必让人难以做到“自知之明”。这种人很难去解剖自己的不足和短处；更不会拿刀子捅自己的痛处。他们“在乎自己”的人性弱点不易克服，不舒服别人的认识比自己高明；不容许自己的“本领”比别人差；更不乐意竞争中利益挪向他人；利益少了都不舒坦……当然，也有一部分人终生自暴自弃。懒汉们用“贪舒服”的本能人性弱点，总认为自己处处技不如人，害怕竞争，不愿拼搏，放弃选择机会，唯唯诺诺过一辈子的也大有人在。人性的局限，决定了人有“自知之明”的难度。“自知之明”属意识范畴，是主观的；“自知之明”后的行为结果又是客观的，主观认知有缺陷，客观结果必犯错。人性弱点带来人“自知之明”的难度，没有“自知之明”后的行为结果出错，是不“自知之明”产生的后果。

人要做到“自知之明”，必须不断在社会中学习、实践、增长智慧。能洞察事物发生发展的规律，研究自己人性的优点和弱点，对事物本质认识深了，对自身评价准确了，就可力争做到主观和客观统一。选择自己人生目标时，尽力找适合自己的，误差必然缩小，既不过大，也无不足。离“实事求是”近了，再加上努力刻苦的行动，人生一辈子，成功的希望就大，选择和实现的统一部分就增多，这就要靠人的“自知之明”。主因还在自己。

人的哲学化可享有宗教福分

著名历史学家、哲学家冯友兰先生说过："人可以不宗教化，但必须哲学化，哲学化了的人可以享有宗教的福分。"人的哲学化就是对自然界宇宙万事万物规律有超脱的认识；对人类社会发展，人的自身活动规律有深透的洞察了解，且能把握其发生发展的方向。于是看穿通透的人，可以减少犯错，明彻事理，少走弯路，算得上民间通称的"明白人"。无论是受过专门教育的文化人，还是未入过校门的不识字人中，都有这类"明白人"存在。这类懂哲理的人，看待事物的方式方法同一般人有别，说话理性程度较高，行为方式比较符合情理，分析人和事理比较深透，逻辑性强，符合规律，通俗地讲，活动办事总在点子上。这种人抓住了事物的核心，触碰到事物要害和本质，少走弯路，这就是人的哲理性。

读书和实践都可增长人的哲理性，那些不识字的"明白人"，虽有些哲理性，但比较实际和肤浅，真正获得，还得从读书和学习中来。读书可以"读上天堂，读到跳出三界外，不在五行中"的超脱境界，即哲学上的"物质""飞跃"。有哲学理性的人，胸怀坦荡，很少激动、盲从，这种人能在事物的千头万绪中找出精髓，从复杂中提炼简单，从无序状态中捕获事物本质。有认识事物规律本质的能力，才可开出"对症下药"的良方。但是，哲学化的人是不容易达到的。必须苦学、苦练，长知识增智慧，有较高的感悟能力，透彻分析的思维功能，逐步使自己哲学化。

宗教文化也是哲学。世界上三大主流教派中，崇拜“上帝”“天主”的是西方的耶稣教、天主教；信奉“真主”是阿拉伯世界多数伊斯兰教、穆斯林；拜佛求神是东亚南亚许多国家信奉的佛教；还有中国古老的道教。无论是上帝、真主、神灵，都是人们最美好想象和归宿的化身。所以宗教文化大多是从人类美好想象起源的，也就是从人的心灵崇拜开始产生的。比如佛的度过人生苦难、耶稣的对人生罪恶的赎罪忏悔、真主对人的“保佑”等，必定是人们在几万年、数千年的坎坷、苦难、不幸、灾祸不断的生存中，幻想着另一个世界的无限美好，这个完美无缺世界的代表即上帝、真主、佛家神灵。但这些美好想象都产生于“心”，人的自我的内心。连佛祖都承认“佛在心中”。把人们自己美好想象抽象出来，设想塑造成天主、真主、菩萨供奉，实际是在供奉自己美好的“心”愿。人们的烧香拜佛、颂经文，也就是在拜颂自己的美好心愿，祭拜心灵。求得自己心灵的安慰。从众多佛教寺庙的佛像可以看到：尊尊和颜悦色，慈眉善目，宽厚大度、沉静稳健、无忧无愁，超脱烦恼，眯着的双眼看透人间一切……确实属天地间最幸福一群的代表。即使有少数凶神恶煞的佛像，也是专门除妖魔的，这些佛仍是面恶心善。人们心中这些最美好愿望的化身，人间找不到，天堂才有，只好通过佛的化身来实现。人们五体投地崇拜，明知是塑造的偶像，但却虔诚、信服。人们拜的是什么？拜的是自己美好的心愿。的确，从寺庙里烧香拜佛后的人，普遍感到心灵的一时轻松，原因是自我心结解脱了。由此看出心态作用的巨大力量。西方耶稣教徒和穆斯林也是如此。求得心灵解脱是目的。这个魔力还是自己的“心态”。当然，一些带有功利性目的，如求子、求寿、求财、免灾，或有赌博心愿的人，他们烧香拜佛求签是另一回事了。但仍离不开乞求人“想好事”和“盼痛苦”解脱的心态。

信奉宗教目的是多做善事，轻松心灵；而学习研究哲学的目的是认清本质，沉静心态。看出两者目的是殊途同归，都是在净化人的心灵。一个哲学化了的人，必能洞察事物本质，把事物看透看穿，明知外在的必然对己不利，也可坦然面对；躲避不了的东西，也能自觉顺受。哲理上的内心矛盾会自觉化解，痛苦烦恼便大为减轻，内心好受。日常生活中，有人胜了诉，报了仇，会自觉流露说：“内心舒坦多了”。可见“内心好受”是决定一个人痛苦烦恼或是高兴愉快的重要因素。人，“累心不累身”时，非常难受、焦虑；“累身不累心”时，无碍大事。说明人“心”的累和不累，苦和不苦，是决定一个人痛苦和幸福的关键。一切物质和外在的东西带来的肉体和感官快乐只有短时刺激效应，唯有心无牵挂，心态平静愉悦，才可带来人的根本性的快乐。

宗教崇拜是美好的求心态解脱文化；哲学是从认清事物本质规律着手，让心态平静的文化。前后都是为了人“心”的安宁、平静、解脱、轻松。且后者是从根本识别事物本质规律的方式，达到心态平衡。心态平静是人的最重要的享受。宇宙供奉的佛像容颜多为心态平衡，目的都是使人心态松绑，减轻人间烦恼。所以，哲学化的人，可享受宗教的福分，更能得到心的解脱。

心理满足，心态平衡——人性的永远追求

人的趋利避害本性，处处体现在日常生活的心理和行为中。自然界、社会无时不在向人们提供多种信息和机遇选择；每个人又离不开同社会环境及他人的触碰与交往，并在触碰交往中产生心态颠覆和摇摆。人们在接触外界信息或选择机遇时，心灵受到本能的“趋利避害”操纵，并达到个人心理满足以及与他人交往中的心态平衡。生存在社会中人的各种表现，都是人自身生物属性和社会属性较量的结果。人性中生物属性更具本质，更活跃，也更顽固。为此，人的心理满足和心态平衡是自发产生的。人从出生到长大懂事后，难免产生自勉告诫的心理暗示：“要过得舒坦，比别人滋润”。自发流露出心态深层的欲望。

自然环境、社会提供的信息和机遇五花八门，纷繁复杂，让人眼花缭乱。但按人的接受标准，无非是“有利”或“有害”两类，这种利害类别，随时振荡着人的心灵。人的普遍心态规则是：好事来了不嫌多，坏事临头只盼少。好事多多，人的心理满足度高；坏事越少，心情越高兴。当然，好事、好信息一般指与本人有关联的；坏事、坏信息指影响人心态情绪和伤害自己利益的事。好事坏事来临对人心态情绪影响是有心理规律的。西方有人试验：一个人两次各捡到 50 元比一次捡到 100 元更快乐；若上午捡到 30 元，

下午又捡到70元时，快乐满意度将更高一些。另外，一个人一次丢失100元，比两次各丢失50元，心理承受要好些。一次丢失100元自认为倒霉，若上午丢失50元，下午又丢失50元，虽丢失数额一样，可往往认为后者是“倒霉加倒霉”。所以，“好事不断，坏事速了”是人们心理满足的常态。人生过程中，人们通常理解：先苦后甜是幸福的，先甜后苦是悲惨的。此外，有些人还想：自己坏事来临少，希望在看不习惯的人身上发生坏事多；自己和别人遇同样坏事降临时，内心还希望对自己影响小，对别人影响大。幸灾乐祸即这样产生的。有的人，自己很少遇上好事，却十分乐意谈论别人家灾难，从议论别人不幸中，获取自我内心快感。这叫以他人不幸而取乐。极个别的人，甚至盼他人遭遇不幸，以达到满足自己心理平衡。利害面前，人们对自身求心理满足；与外界触碰时，于比较中求心态平衡。人心态度变化似天上云，少女心，说变即变。自己孩子考上区内重点学校，高兴无比，一旦得知熟悉的邻居、同事、同学孩子考取了市重点学校，自己的高兴立马丧失。原先的“心理满足”，很快打了折扣，顿时产生比自己进了更诱人学校的那种“心态不平衡”。同时，这种人遇上小灾小难，对比未遇上的人，心里不太平衡，总怨老天不公；一旦听到别人家碰上较大灾难时，又马上庆幸自己，不幸中的万幸，心态又转向了平衡。人性的“趋利避害”对心态满足和平衡就是这样：好事来了，自己多别人少，自己大别人小；坏事来了，别人多自己少，自己祸小，他人祸大。当然，从这种利害取舍中求得心理满足和心态平衡的人，只是社会中的一些人，绝不是全部。那些人品优秀、境界高尚、懂得感恩、有爱心、心地宽容的人，社会属性感强大的人，就不是这样，这些人生物属性一面，就显得较弱。

人性在“趋利避害”发生时，往往心灵颤抖不停，产生摇摆和反复性。在利益的得多得少、获大获小面前，计算着成本付出，总愿“多得少失”的心理活动摇摆不定；在消灾化险面前，更盼化大险为小险，逢凶化吉最好。在利害不确定、事物不明朗、又必须投足时，总是“前怕狼后怕虎”的，过急了怕失去，不及了又怕得少；深化了怕险更甚；不及了又怕排险不力……这种“摇摆性”是“趋利避害”本性和事物本身“不确定性”带来的，最终更怕影响自己的“心理满足”和“心态平衡”。人性的多数中希望自己“长处”能被别人认可，自己的短处和不足，不要被他人知晓，更怕被别人宣扬。这是人“自我”、“在乎自己”的人性表现，是人性“趋利避害”的另一种形态。

人性受“趋利避害”制约的无常，是人性中生物属性的流露。若减少这种生物属性，增强人的社会属性，成为一个大公少私，至少平等待人的心态，唯有多学习社会文化知识、多在人群中实践，放眼观看人世间的疾苦与不易。理性了的人，会增强人的感恩、救助、帮助他人的人情味，甚至为公益信仰的崇拜而产生献身精神。人群中，为某件事达到心理平衡极端者也不少：绝食的人不怕饿，跳楼的人不怕死，都为求得一个“心理平衡”。杀人害命者，也是为复仇、解气，达到“心理平衡”。同时，为公益、义举、信仰而仗义献身的也大有人在。当然，现实社会里，那些热衷于玩权势、用过度物质财富炫耀的人，也是自己心理失衡，用外在力量显示，以达到在他人面前的自我“心理满足”。

人都愿意别人对自己“高看一眼”。所谓底气不足的人，与人较量，无非是硬件不足，立世理由不足，更重要是自身内在不富有，内在不足。于是有些人，尽力“用外包装”，奢华，抵消自己内心不足的底气。粉饰、打扮亮一点，架子、势子端得高一点，派头大一点，外在脸面装扮得豪华、显摆一点……这种人尤其在意物质的外在门面，千方百计用外在弥补内心底气的不足。那些内在富有、底气较足的人，往往生活门面上比较马虎。因为他们无须用外在包装弥补自己的底气，衣食住行有保障即可，更不比较与他人的差别。他们能将“心理满足”和“心态平衡”放下，让心更沉静些。这是通过终生学习、实践、修炼得来的。

人认知能力的“可知”与“不可知”，增强人的自信心和安全感

人可以抽象地预测，把握未来的大方向及走势，是人认知能力的“可知性”；但人不能知道具体的未来，是人性的“不可知性”。人们靠着这种“可知”“不可知”，才可编织对未来美好蓝图的理想光环。人能“可知”，是依据事物发展走势的客观必然性；人的“不可知”，是客观事物宏观的必然性被无数个微观偶然现象所包含。偶然是不确定的，产生了人的“不可知”。人性认知上的“可知”与“不可知”，让人们心存希望。一方面人们可大体预测事物未来走势和结果，但又不能具体预测事物发展阶段过程中的准确度及其真实的结果。所以现实生活中，人们“事与愿违”的事常发生，动机和效果统一非常难。尤其对人生自己，在客观预测上，对幼年、少年、成年、老年的发展成长顺序，对“生老病死”的必然走向，从不怀疑；但对人的如何成长、成长成什么样、何时会病痛、何年何月死亡，却根本无法知晓。人依靠衣食住行等生活资料维持生活；靠不断受教育、社会实践增长知识、技能；靠人的自身努力、社会和他人帮助等外部环境，才能成长为一个正常的人。这是人性中大体可知性的一面。但人生过程中，

如何做到这些，就无法把握和预测。生活现实中，同样环境条件下培养起来的人，成长的结果却大不一样。这又是人性“不可知”的一面。

从人的生命规律看，大家都在往一条路上走，死是必然。但谁都不能预测某人何年何月何日死亡的准确日期；知道人会生病，但根本想不到具体的生病期限，更不会详细知道得什么病。人们知道孩子上学受教育是成才之路，但无法预测能否考上理想的学校；知道人要参加社会竞争创业，但怎么闯，创何事业，不得而知。工作中，参与制定某工程项目，对可行性研究、市场调研等再准确，也无法预计项目完工后真正的确切利益回报；某种商品的市场旺销、热度能维持多久，谁都说不清；证券市场上购买股票、基金、证券、期货等，预测收益率同最后结果又有几个是准确兑现的……其原因：时空、事物发展中的微观变化随时有多种可能。宇宙时空、自然界事物发展过程中的必然“不变”和偶然的“变”，让人们头脑产生认知上的“可知”和“不可知”。正因为事物发展初始和终结时的误差，让许多人惊讶或狂呼，或者叹息、扫兴。

人们在事物开头总是热度高，劲头大。这都建立在“可知”和“不可知”的两面认知上。人们对事业热爱魄力胆量是可爱可敬的，也是必须的。若开始就知道事物最后的失败，谁还有那个劲头？事实中，“不可知”里包含着成功和失败两个结果。并非都是失败。社会发展成就获得，正是靠这种劲头和热度魄力支撑起来的。一般对事物开头无须打压和泼冷水。事物的“可知”、“可行”，即对事物整体发展方向预测把握较大时才可下手；“不可知”即该事物受时间、环境、市场变化、人的消费理念、习惯的改变，在千变万化程序中，始终隐藏着非常规的突变基因，如自然灾害、战争、人为操纵等。对这种“不可知”不是坐等无力回天，而是人的主观上探求、调整、分析。工作做得越深、越细，“不可知”里的消极结果会大大减少，为此，人在“不可知”面前又不是无能为力的。

客观上的人为预测目标，同该事物实施结果产生差距，若是顺向变化，高效益，皆大欢喜；若无利润回报，甚至血本无归，对决策实施的人却是很大打击。人生对自己预测也如此，虽知死亡不可避免，但健康长寿是人的热切盼望。“可知”是指“死”的必然，“不可知”指“死亡”确切时间，若知道自身死亡具体时间，对人就是太残忍，太可怕了。一个中年夭亡的人，知道了自己死亡的时间，那么前半生会很痛苦和残忍的。由此可知人的“不可知”的好处和意义。赌博场上无一不是为赢钱而去的，若知道自己必输，谁还愿意去？人性“可知”与“不可知”的怪异就在于此：明知客观大势不可逃避，必然不可抗拒。但总想在偶然中赌一把。因为偶然是机会、机遇。是机会即有好有坏。赌时，只想好的一面，不愿想到坏的一面。总想在偶然机会中出奇迹，碰好运，少有人往倒霉处想。偶然中点燃着希望，尽力利用人性“可知”“不可知”的两面，让人增强生活信心和安全感。世界也就是这么开创过来的。“可知”“不可知”让人们勇往直前，甚至失败了再干……任何事未来结果中有成功、失败，有奇迹、有命运……正是那些可能的成功、奇迹、设想，吸引着人们往前拼搏。这就是“可知”与“不可知”两面性的魔力作用。“可知”一面让人心存希望往前行，“不可知”一面让人往美好方面设想，才使社会进步往前。

人生价值评判

自然界物体都有价值，包括自身价值和被利用的价值。有生命的植物、动物和无生命的矿物、水、阳光、空气……都有价值。作为自然界的人类价值也不例外。人不仅有自身价值，更应该有对社会奉献的价值。自然界有形和无形的物体，被人类利用的价值，可测量、计算其大小；而人类对社会有用的价值奉献，既可计算，还可无限发挥。所以，人与物有着不同的价值概念，一个是有限度的价值，一个是无限度的甚至不可估量的价值。科学家牛顿发现的地球“万有引力”定律，被人类应用到生产和科研中的价值之大，无法计算；中国两千年孔子创造的儒家学说，至今不衰，古往今来，有多少人从儒学宝库中获益，产生的思想和行为力量，推动着社会文明的巨大进步。从这点看，物是有价之宝，人是无价之宝，一点不为过。

人的价值观是人的价值取向，也是所有人对自身的正确估价，对社会价值的认同和取舍，更重要的对社会的自身价值奉献。价值也可指一个人的分量。价值潜在时看不见、摸不着，但在一个人思维发挥和行为结果时，就会体现出来。为社会为他人或为自己做出明显成绩来是价值体现。一个人的思想行为表现，在人群中产生的影响力也是价值体现。英雄人物模范行为都会震撼人心，就是价值的力量。为此，人的价值奉献可以是有形的，看得见的，也可以是无形的，看不见的。但都是对他人和社会的价值贡献。每个人能力有大有小，对他人和社会的价值发挥都各有不同，但关键是人价值发挥的主观能动性和自觉性。人尽力了，也就是其价值的最大发挥。人生奉献多少，是衡量一个人终生价值高低的尺子。小学生常立志：长大做一个对社会有用的人。就是长大后不仅自立，还能对社会做价值奉献。这就是人价值发挥的立志。人类价值发挥，是社会文明进步的推动力。人的正确价值观，就是体现在对自身价值认可和对社会事业贡献的大小上。

物品可用来交换的价值，体现的是商品价格。明码标价，表现该物品的质量好坏分量多少，也就是该物品的价值大小。物品的价值包括价值和使用价值。自然界中有价值和使用价值的，未必有价格，如不需要买卖和交换的阳光、空气等。人的价值包括自身价值和对社会奉献的价值。自身价值体现在此人的潜力，即体力、智商能力、行为的自律、爱心、人品优劣等诸多方面；社会的价值即此人对社会做出有益贡献时，发挥价值和大小。如某人仅有自身潜力，有自身价值，但没有为他人和社会做价值发挥，即没有社会价值。这种人生存所需资料是社会他人创造的，实际只是价值索取。当然依赖他人照顾自己的残疾人除外。因为这些人无行为能力，即无自身价值，应该受到社会帮助的。人们对社会价值奉献，有体力的，更有智力的。体力劳动是人的价值发挥，体现在物品的增长上；脑力劳动是人思维价值发挥，智力价值运用，后者往往对社会价值贡献更大。一个运动员获得冠军，是该运动员的价值体现；一个有技艺的人充分发挥表演艺术，一件好作品，都是艺术价值发挥的最好体现；日常生活中的餐饮、服装、美发及各项服务都有价值发挥……这就是“行行出状元”。靠脑力发挥价值，优秀的教书育人老师；科学家发现发明创造公理、定律、公式、科技新产品；社会家著名理论、著作、警句、文章……都是对人类的巨大贡献，价值无限。所以，每个人发挥价值的渠道很多，关键看其价值观体现和发挥。人的生存要求离不开向社会索取，但索取的同时，更要向社会做奉献，且奉献必须大于索取，才是正常的人生价值。为此，社会才有财富积累。

人生不同阶段价值发挥有不同。少儿时期，生命年龄最长，潜在价值大。必需的智力教育、体力锻炼、人品教育等，都是提高未来的人生价值。中年人成熟，是价值体现的高峰。中年人体力强，精力旺盛，智商成熟，技能提高，是干事业的最好时期。中年人自身价值大，更是事业做贡献、发挥人生价值的黄金时期。他们帮助人的能力最强，是事业创造成果的辉煌时期。老年人体力价值下降，劳动力功能衰退，但智力不减，虽记忆力退化，但理解力、感悟力更强。所以正常的老年人，只要智力不退，可利用阅历多、经验更丰富的优势，把对人生有用的感悟记叙出来，也是一定的价值发挥，就不一定把自己当弱势。中年人靠外在为主的力量发挥其价值，老时也可靠智力为主发挥其人生价值。世界上，很多科学成果、社会名著的完成，往往在这个阶段完成。

社会中，人们目光通常盯在有形的物质创造价值上。将身强力壮、财富、权势发挥价值作用的大小看得很重，容易忽视无形的软实力的价值作用。实际上，人们思维智力的作用，言行的影响力，品格的感染力，其价值作用也很大。写一本好书，作一首好曲子，表演出精湛艺术，出一个好点子，献出爱心的行为……

都有着很强的感染力量，这也是人价值力量的发挥。怎样看待，评判人生价值，如何发挥所有人的人生价值，关键在于每个人的自身努力及其精神境界的高低。

人性自我的“善恶”较量

人性激发方向最重要的体现在“善恶”较量。其根源来自人社会属性和生物属性的反复争斗。社会属性占上风时，人的外在表现是善意增加；生物属性占上风时，人的恶意增强。一个人善意发出时，社会和他人可从该人身上获得温暖、爱心、帮助；恶意增强时，社会和他人会遭冷遇，不是受伤，就要倒霉。人从出生到长大成人，不仅是肉体上的成长、健壮，更不是简单的体重增加，重要的是思想成熟，品质优秀，人格健全，成为一个既能保护自身，又能为社会服务和贡献的健全人生，成为一个受社会欢迎，得到他人尊重和爱戴的人。这就是人要做一个有善心、同情心，即有德行的人。

地球上有多少人，就有多少人的个性，彼此各不相同。虽然人类总体习性差不多，有优、有劣、有善、有恶，但个体人性的细微处必有差异。兄弟，双胞胎长得很像，但仔细看必有差别。世界上不同人群的人性特质也存在不同。这种不同差异主要来自生物性遗传基因。人类原始社会，生活在地球各处不同地区。高山、森林、草原、河流、沿海地带的人，生活状态都不一样。靠狩猎为生的山林草原带猿人同平原沿海一带人生活方式不一样。前者靠打猎为生，生性彪悍凶猛、后者靠植物生存或捕鱼生存，就会悠闲随意一些。前者靠组团成群对付野兽，后者单独活动色彩就浓一些。群体打猎抱团，容易形成群体的依赖感。于是，现今世界不同民族后裔，人性特点基因也存在差异。如有的民族，形成一人有难、群体必帮的人性性格。也有的民族，愿意生存在深山老林，不怕孤独，保持自己民族传统的生活习惯。这些都属先天性遗传基因，主要表现在生物属性上。

人的社会属性是人类数千年先进文化在人性上的种植。人类绵延不断的文化传承，都是人类文明进步、优秀思想行为的结晶。受到先进文化教育熏陶的人，社会属性就必然高些，生物属性就自然少些。因为这两种属性共存于人体，且又互相排斥的。生物属性强、社会属性就弱，反之亦然，也就是一个人善多，恶就少；善少，恶就多。所以，多接受人类先进文化传承，是增强人性“善”、减少人性“恶”的重要方法和手段。

每个人都存在人性“善恶”的两面。人生在每个不同社会环境里，靠智慧和人性，本能地保护着自己的生存权利及维护着尊严、面子，并不断与社会交往着。但是，人在不同环境、不同场合下，内心的“善”“恶”都有可能一触即发。通常与四个方面的影响有关：一、正常的文化教育，纪律规章制度、法律法规等约束，让人生自觉成熟，多数人的人性“善”的一面会不断增长；二、主义、信仰、宗教可制约人性增善少恶。革命先烈夏明翰在狱中写下“砍头不要紧，只要主义真”的豪迈诗句，就是基于对共产主义信仰的崇拜。今天社会里为中华复兴、国家兴旺，也有很多志愿者自愿为社会奉献，帮扶他人。甚至有勇斗歹徒能挺身而出的英勇献身者。信仰耶稣天主、佛教的人，确实也能时常忏悔自己，在社会上多做好事、善事。三、特殊环境下，人性会发生急剧变化。战场上拼杀，火海、洪水中抢救，险情中斗歹徒……

有人会为战友的牺牲、人民生命财产丢失而冲锋陷阵，不惜献身。许多人遇弱者求助时，也会慷慨解囊，毫不吝啬。四、个人受到利益诱惑或冲撞。偷盗和抢劫者的人性是受钱财利益诱惑而发生的。人人有本能的自身利益底线。一旦利益底线被冲撞时，可能会立马变脸，善恶本性显露出来。通常对方侵犯了自己小利益、如一般性伤害到自己面子时，善良的本性尚可守住。多数人会忍耐，承受，或据理反驳。当对方冲撞自己利益底线，到了无法忍受时，会马上变脸，从应对变成报复。凶险的对抗行动也会释放出来，“过失杀人”即这么来的。当然，如果对方用大道理压自己小道理，尤其为社会公益而为之，触碰了自己利益底线，发生的无理取闹或报复，即为作恶。若对方是有意侵害本人利益，伤害自己，本人可施行“正当防卫”那就另当别论了。

人性的善恶变化，通常在受教育中或在环境诱导下渐进渐长，也会在自己心念一瞬间爆发。所以，人的内心善恶较量，是一辈子的事，时刻不停止。在家庭亲人之间，圈内的朋友、同事之间；在社会与他人交往时，为利益、为面子、为义气，常为一些纠葛闹得不可开交。随便的一句话、一件事、一个行为、会将人性“恶”的念头任意放大，发生不该发生的结果，这种现象大量存在。事后的后悔已经无济于事。为了避免这种现象发生或减少发生，应该让人性“善”永战胜“恶”，而不是相反。社会间，人类存在和相处是缘分。只要人人有善心、爱心、互帮互助，大家谅解。我们人类将会活得更加美好一些。

人生大快乐有限，小微快乐俯拾皆有

人生都是“坎”，过日子就是过没完没了的“坎”。人遇到“坎”就是遇到困难，闯过一道“坎”就是战胜克服了一次困难。人的痛苦和快乐体验在这渡“坎”的过程中。人遇到“坎”时烦恼，闯过“坎”后，顿感心灵轻松快乐。人生都在自觉不自觉中碰到困难，或者自发制造着困难，同时又被自己自觉的智慧能力、毅力冲破困难，攻克难关，渡过一道道坎。这也即人生道路。佛说：“人生就是磨难”。一点没错。耶稣天主认为：人生下就是罪孽。也未错。因为人生的全部都是在与苦难搏斗。人生虽在苦难中，但又想多寻找些快乐。其实，痛苦快乐都是心灵的体验感受。人们在克服一次次困难中，既孕育着起初的痛苦，又饱含着困难被克服后的快乐。人一辈子必经过无数次“坎”，才能使人长大、成熟、成人。世界上没有不遇到“坎”就会长大成人的孩子。“坎”是矛盾，“坎”是困难。从这点说，人生有多少次坎，就要解决多少次矛盾，闯过多少次难关。并且，矛盾解决了，坎被闯过后，人的心灵才会轻松快乐起来。闯关过坎，克服矛盾中的困难，人生就要付出。付出得当、合理，坎就容易过去，轻松快乐才会到来。并且人生付出的大小，同自己收获的快乐基本对等。付出痛苦收获快乐基本对等是一定式，无人能逃脱，付出和收获又是矛盾解决后的相对平衡。这又回到中国传统“中庸之道”，即佛说人生最后“种豆得豆”“种瓜得瓜”的公平结果。

“坎”分大中小微，闯过“坎”后的快乐也必是大中小微。人生大快乐有限，中国古代百姓传下的也就四个：久旱逢甘霖，他乡遇故知，洞房花烛夜，金榜题名时。即使加些现代享乐因素，大快乐也多不到哪里去。连中快乐也不会很多。人生主流应该多享受些小微快乐才是生活的真谛。大中快乐，是在经过战胜大的困难后获得。比如青年男女“洞房花烛夜”的快乐，必经过绵长的男女成长独立，相知相识，双方家庭认可，多种条件成熟，才可谈婚论嫁享受结婚的。女人生孩子是道很痛苦的难关，即紧张又痛苦害怕，但孩子出生后，做母亲的快乐大喜又是少见的。大困难才有大快乐。付出痛苦和收获快乐总是平衡的。“金榜题名”即孩子考上理想大学是大快乐，但必是经过多年家庭付出，孩子努力才可得来。人生这类大快乐少，且对某一种大快乐往往只有一次。人生活的大量日子里，都是在克服战胜一个个小的困难后，体验着数不清的小微快乐。日常生活中，每天买菜做饭要花钱费力，但炒出一盘美味菜肴供家人享用时，获得的认可和好评，就是对付出人的褒奖，让其内心得到快乐。美味佳肴对无饥饿感的人，品赏不出快乐；只要是食物，对饿着肚子的人，吃起来倍香。原因是，饥饿者付出了饥肠辘辘的痛苦。赛场上运动员成功获奖，享受荣誉的快乐，是平时忍受无数次刻苦训练的痛苦换来的；工作中，努力苦干的人，当任务完成后，便体验着收获成果的喜悦；甚至人在生病发烧时，痛苦难忍，接受着治疗、打针、吃药的痛苦，愈后，必有病去如释重负的喜悦和轻松；谁都经过内急入厕的难熬之苦，一旦遇见厕所内急解决后，即有放松之快感……生活中实则太多。生活中付出时痛苦，收获时快乐的体验无处不在。人生痛苦难受是心灵的体验，快乐同样是心境转换之后的感受。如遇一件事，带着快乐阳光心境去做，收获快乐就离你不远了。一个人总是低头走路，看地上垃圾阴霾，心情定会不爽。多些抬头看天空，阳光灿烂，心情就快乐起来。孩子快乐是因为孩子简单，只生活在满足的现实里。我们何尝不能简单些生活？过好当前，快乐就来了。

人生一辈子在过“坎”，有的人一辈子喊痛苦，似乎快乐与他无缘。其实，都是未能认真过好这个“坎”。只有在“过坎”中付出痛苦，才收到快乐。这种人不愿用行动付出痛苦，只好嘴上老喊着痛苦。有的人找快乐想走捷径，通过少付出或不付出求得快乐。他们常喊：别人家条件好、环境优越，当然快乐；自己为什么没有？怨天怨地。仔细追想一下，环境优越的家庭，同样是其先辈们一代代用战胜痛苦得来的，今天的快乐仍然是其先辈用汗水换来的。如果今天努力付出，每个家庭也可能为下辈子女创造幸福快乐。不要光在平辈人之间相比。古话中“祖先积德，下辈有福”也就是这一道理。还有人希望“短平快、碰大运”找快乐。盼天上掉馅饼。现实中，极少数人才可碰上。摸彩票获大奖、赌博，虽偶然发大财，但这种钱财来之快，散之也快，弄不好还诱人走上歧途，毁坏人生。

人生大快乐不见多，小微快乐随时找见，关键在于人对困难痛苦的应对，付出多，收获快乐多。同时，人的心境从暗处转向阳光，细心体验身边随处可及的微小快乐。快乐永远属于那些艰苦付出和心地阳光的人。

调控好心态是人生幸福的首选

调控心态就是端正态度，即摆正人内心的态度。心态产生情绪，情绪好坏决定人生的快乐幸福。世界万事万物客观存在，难以改变。但人们对待万事万物态度却受人的心理素质控制，可好可坏。人的心态作用，是决定自己人生“活得好”还是“活得差”的关键。人心态的作用力异常强大。

心态对动物和人的生命影响力极大。中世纪西方医药之王伊本·辛纳把两只同样的小羊分别关在靠近狼和不靠近狼的地方。不久，靠近狼的那只小羊，因天天紧张害怕而夭亡；另一只小羊却仍然活得欢快。国外有本短篇小说《小公务员之死》，讲这位很年轻的公务员看戏时，不小心打了口喷嚏到前排某大员领导身上，自己长期担心，紧张害怕而死。为此，情绪紧张是人生命的大敌。心态就是一个人的心情、心胸。心态影响人的情绪，情绪即人的七情六欲。七情就是人的喜怒哀乐悲惊恐，都是由人的心态产生。情绪畅快、神情飞扬的人，做任何事，顺达流畅，容易心想事成。这种人在社会相处，必受欢迎。因为付出自己的微笑，必收获别人的笑脸。反之，情绪恶劣的人，一定心烦气躁，看什么都不顺眼，做什么都不顺利。这种人怎能不事事碰钉子呢？总之，前者带来快乐，后者带来痛苦。心态是人体产生不良情绪的原动力，只要把心态调整好，人就会一通百通。同时，心态的好坏与人体生命健康有着极大的关联。

心态调整，重要是调整心态的方位。多往正面想，减少负面情绪。凡事多往好的方向想想，不良心境将大为减少，少观外，多观内，带来心安。安心自得，心静如水，心态平衡，内心愉悦自然产生，对外宽容，懂包容的人，心地必善良可亲，笑意不断；心态往前，心向志远，不纠缠已过去的琐事，想着前面的人生路标，人会显得大气、从容、超脱；少想无用的事，敢于舍弃，让人一身轻松；对社会感恩，人的满足感增强、内心踏实、心地安详……人心态调整好了，精神会飞扬，做什么事都会自觉努力发奋，不愁不成功。

调整心态的方法很多。用积极运动、劳作锻炼等方式，转移人的不良情绪。社会事态繁多、人际关系复杂，喜欢的事来了自然高兴，碰上那些不喜欢的人和事，就要淡然处之，努力消解。同时，积极工作，投身运动，人的不良情绪可转移。人们可在工作中寻找乐趣，运动中找快乐。事物客观反面存在是必然，超脱一想，什么都很自然。世界上没有什么应该不应该，事情发生了积极面对，干自己该干的事。任凭风浪起，稳坐钓鱼船，用丰富多彩的爱好和情趣，看书、写字、绘画、听音乐、垂钓、旅游……体验自然世界的博大和门类的多种，感知自身的微小，觉得没什么可值得计较的。此时，人的情绪自然会好起来，幸福感就来临了。任何时候，人的心胸不能狭小，心小的人，把小事看得过大，计较得失认真，压力增大，又舍不得放弃。到头来，因得不到又排除不了想得到的念头，受折磨的是自己。心胸博大的人，刚毅果断，抓大事，看本质，在于生命本真的追求。看轻外在，重视内心，让愉悦在内心闪闪发光。这种人可在苦中求乐，卧也安然、坐也安然，富也安然、贫也安然。通常，痛苦与这种人无缘，怎能不安享幸福？

人的心安，可使体内环境保持平衡。气宽使人精力旺盛，趣宽使人陶冶情操。寓乐于宽厚大度之中，无疑会使人健康长寿。人有善意心即宽，人的心灵散发人性光辉，守护着内心可贵的善气。一位贪腐官员在狱中悔不当初说过：“其实贪腐罪之源，就在我犯罪初始的一刹那间的此念头一闪。”一位在扑灭大火抢救国家财物时身受重伤的英雄也说过：看到危急中国家财产受损，我的心只想冲上去抢救，就什么也不顾了。心气威力无穷，通天通地，震荡乾坤，颠覆精神。尤其当今的纷繁斑斓的生活背后，最珍贵的是什么？一颗健康平和的心。拥有它，茫茫人海中你不孤独；拥有它，在物欲横流的江河里，你不会迷失自己。现今，找到自己乐趣幸福的最好出路，拥有一颗平和健康的心态，将是你战胜一切的法宝。

事物存在对立统一，发展趋势大体平衡

世间一切事物都以对立统一矛盾形式存在，发展趋势总由不平衡到平衡；接着，平衡又被新的不平衡打破，直到走向新的平衡。如此循环往复推动事物发展进步。人生也逃避不了这一自然法则，在每一轮循环阶段中，总趋势是达到平衡。西方有一教师在教“可能性”一课时，让学生抛硬币，讲硬币图纹和数字面概率各一半时，一学生抛了10次，出现图纹面8次，数字面2次，便说：“老师，你讲得不对吧？”老师笑着让学生回家继续抛，该生回家抛了上千次，发现越来越接近一半对一半，即趋向对半平衡。第二天他对老师说：“您是对的。”人生一辈子，得和失、苦和乐，基本是自身付出和获取的平衡。有因必有果，人生最后就是自身因果行为的总结。

人生活在自身矛盾和与社会他人矛盾的交织之中，总处在不平衡和暂时平衡状态。人生活的缺失、不足或心贪，产生不断的欲望，欲望的不满足就是矛盾，矛盾就是不平衡。人们用付出的心力、智力、体力，妄图达到欲望满足，这就是矛盾斗争的过程。经过一个阶段付出努力，目标实现，欲望满足了，付出和收获大体平衡。这也是人生各阶段想达到的目的。多数人盼望着这个平衡，因为矛盾在斗争中的过程总是辛苦的、不情愿的，幸福和快乐主要产生在平衡阶段，也即快乐发生在满足的过程中。不过，也有人在矛盾斗争过程的付出中，体验着快乐，当然这是经过修炼的少数人才可达到。人生历程漫长，需求欲望繁多复杂，要求方式方方面面，物质的、精神的、生理的、习惯的……太多太多。尤其社会发展到今天高度商业化程度，消费层次眼花缭乱。外界无时不在创造着各种需求，疯狂地刺激着人们的眼球，时刻激励着人们欲望狂增。品种数量多，更新速度快，让人们一个又一个新欲望产生、永无止境，永无满足。不少人的欲望，今天达到了，平衡了，明天又被打破……再努力、再达到、再平衡。一个又一个的矛盾斗争全过程，频率加快。人们被新欲望、新付出，累得精疲力竭，但又不甘心停下来。从这点看人生，的确是“苦难人生”。这便是宇宙间人和事物矛盾的对立统一法则。谁都会身陷其中，少有例外。在矛盾的交织中，竞争中求欲望，既是自己身心的内部矛盾，又必涉及社会他人的外部矛盾。人生在社会中，社会现实、时代大潮推着你往前走，身不由己，很难找到一块世外桃源作暂时的栖息之所。生活的“难”，成为当今众多人们无声叹息的共性理由。

事物总分两方或多方。生活中有叫“难”的，也必有不那么叫“难”的，也还有很轻松活着的人。差别在于人自身内部矛盾产生上。欲望即矛盾，人若将外部的个人欲望减少一些，有“满足即好”“够了就行”的意愿，矛盾也减少一些，将上一轮平衡带来满足的期拉长，让已获得快乐过得久一些，更珍惜已获得的快乐，痛苦烦恼无疑会少一些。同时，欲望少，矛盾斗争中的付出势必少些，就用不着搞得那么精疲力竭了。还有，转移欲望方向，心力和眼光从“向物过多”、“向外过多”转为向往精神，向内部自身心灵多一些。人和动物的最大不同，在于人有思维、智商。物的享受永远是短暂的，精神享受才是持久的。物质享受是生活的享受，是肉体感官的被刺激；精神享受是生命的享受，是本质的享受，是心灵的轻松愉悦。人们通过学习看书，欣赏艺术，培养情趣爱好，善待他人，善待自然……有一颗感恩的爱心，必将使自己精神安逸舒畅，神情自然放松，此时的快乐幸福绝不比过多的物质享受刺激获得的快乐逊色。精神享受让人心境开阔，精神飘逸……这就是人在心灵上获得了“平衡”。不过，这种“心灵平衡”获得更难一些，需要经常修炼才能达到。

矛盾从产生，经过斗争，达到平衡，是一自然法则。人生在此法则中，虽无法逃避，但可以在矛盾的产生性质、大小，求得“平衡”的路子上拓宽、转向、变样。对个体人来说，减少过多的物欲矛盾，增强精神的宁静、安逸。让人回到本真，达到内心矛盾的平衡。心灵上平衡，人就活得轻松多了。

“趋炎附势、仗势欺人”是人性的自信心不足

做人要有几分底气。底气足的人，一般办事自信，为人刚直不阿，自立精神较强。底气就是人的内涵较丰富，有做人立世需要的本领，有人际交往的智慧和品格。大凡这样的人，通常靠人品，智慧处世，靠能力吃饭。这种人正正派派，稳稳当当。他们看重的是做人，人的能力、品格。很注重内在富有，不图外表虚荣，更相信凭本事走遍天下、立足四方。为此，他们对外在看得很轻，对金钱和物质的依赖、对权势的依靠较为淡泊。因而这种人尊重他人，待人平和，更不会倚仗自己取得了什么成就而炫耀或欺压别人。这种人眼光往往是平视的，既不向上、仰视羡慕他人的富有、势力；也不低头藐视下层人群的贫困和卑微。反之，底气不足的人，自身内力不够，智慧能力较次，总觉得自己技不如人，低人一头。这类人群中，底气越不足，越看重面子和外表。他们在社会竞争中，容易成败者，但欲望又不减，心有余而力不足，总不太心甘，很容易从谋取利益的正道不通，走上歪道，他们过于看重外在的力量，内力不足借外力。最惹人眼馋的是权、钱，于是眼光紧盯在权钱的持有者身上，滋生“羡慕嫉妒媚”。一旦有够得着的台阶，就自然产生溜须、拍马，趋炎附势。用讨好、吹捧、送礼、行贿

等手段代替自身实力的不足。一心想从权力中得到点好处，从金钱中分得一杯羹。这种人性的先天不足就是不自信。喜欢用这种手段的人，一旦成功发迹，更容易从此仗势欺人，试着把曾经向权势者付出的“尊严”、“面子”再赚回来。他们虽然借助外力将外物获得，但自感内力不够，底气不足的本质并未改变。于是见到权势者，富豪大款，卑躬屈膝，低三下四，点头哈腰，即使不是内心所愿，也是不得已而为之，另一面，与弱势下层人相处，往往狐假虎威、装腔作势，摆富显阔，炫耀自己。气盛时，还欺压不如自己的人。他们将真实的人性中的“不自信”装成“很自信”来掩盖着。

底气足的人，在社会竞争中靠正道获取，始终靠自身实力竞争取胜。他们行走正直，待人处世谦和平等；内力不足，遇事信心不足者，无法用实力同对手较量，胜算小，只能用邪道、歪道。内心不踏实，眼光看人就不是平等的。戴着彩色眼镜，看人总有误差，区别对待习惯了。对强者，害怕、羡慕；对弱者，看不起，疏远。这种人的心态永远不是平的，而是崎岖扭曲。他们内心空虚，干什么都缺乏底气，无自信心。

人性扭曲的人，必有其深层的内心痛苦。光明正大的美誉与他无缘；在强者面前，胆小谨慎，唯恐受到欺压或利益损害；在弱者面前，又要装作强者模样。人性决定着谁都看重尊严、面子，很怕失尊严、丢面子，但又技不如人，再加上人格品行的欠缺，只能在不如他的弱者面前显摆，只要对方稍有冒犯，便容易逞强欺弱。

人性中的“欲望”和“自尊”顽强，是人的普遍存在。欲望向高处攀比，自尊靠别人认可。内在力较强的人，这两项用自身实力赢得和维护，无须靠别人赐予、恭维。一切靠自己努力，自身的思维言行会自觉受到别人尊重，自信心来自本人的内在富有。而想巴结权势的“趋炎附势”就没有这样的内在和自信，“仗势欺人”只不过是内在空虚者，靠不正当手段谋得权势后的另一种脸谱表演，在弱者的面前逞强，更表明其内在的不足，人性的不自信。

人自信与否，决定自身内在的富有或是贫乏。人自身有一套立足的本领，健全的人格，处人智慧，便无须多少对外力的企求。正正当当做人，光明正大立世，点头哈腰、媚眼与他无关。这种人更会平等待人，受人尊重，这就自然有了可贵的自信心。人原本都从婴儿中走来，孩童间差别不大。关键在人生成长过程中，接受正当的文化教育，实践中垂炼，家庭中品质影响，社会好的环境中熏陶。人性中的社会属性优秀面增大，人人都可成为自信的人。

人只活在“现象”里痛苦

人活在现实里，不能只活在眼花缭乱的现象里。社会现象纷繁多彩，大千世界变化万千。现实中的人，习惯跟着时髦转，尤如海鸥追彩虹。一只海鸥望见天际出现了一道彩虹，五彩斑斓，宛若天堂之门，太受到吸引了。海鸥朝着彩虹方向奋力追寻。彩虹若隐若现，捉摸不定。海鸥飞呀飞呀，追得筋疲力尽也不放弃，摔落到海上……海鸥在昏迷中听到有个声音对它说道：彩虹是你看到的幻象，而非实在的东西。市场上那些五光十色的东西，更新变换极快，也似乎如此。人生就像这海鸥追彩虹的过程，很多人不停地追逐幻觉的虚名与己利，而不知道人生有好的心态，才是一个人应该得到的最宝贵的东西。

当今高科技发达，新产品更新速度快，市场商品琳琅满目，任其选购服务项目繁多，提供给人们享受的领域宽阔复杂，人本能的“吃喝拉撒睡”功能均可被新的消费项目替代。原有的相互间“人情味”锐减，人和商品、人和机器、电器、仪表等直接互联，构成了强大的人和物互动、互依、相互间吸引……甚至连人相互间客套问候的语言都被沉默冷漠所代替。人与人之间情感更加陌生。这些都是“追新潮”带来的后果。社会存在本质是人和物的共存。物的丰富多彩、随机万变，极大地充斥着现代化市场，构成现代化多元、多姿多彩的社会现象，本应是件好事。关键是人们对待市场前沿的态度。更不能从牺牲人们之间美好的“人情味”，将人之间关系为主，变为人与物为主的关系。其中助推转换关系的背后，是无限追逐商业利润的驱使。商品生产者、服务行业设计者、流通中的推销人员、制造着无限商机是现代商业社会正常现象、进步表现。核心是广大消费者对待这种现象的态度是跟风、赶时尚、追潮流；还是冷静、稳妥，按有利于人自身需要、利于健康来正常消费。消费态度是关键，是满足心态虚荣心的消费，还是满足实用的心态真正享受的消费。有人说，挣钱不是水平，消费才是水平。可见消费是心态的外在体现。消费是自己满足需要的享受，还是给别人看的？前者是智者，后者是心态的不够健康。

人在眼花缭乱的社会现象里跟风、追逐，是人性固有的“总想比别人活得滋润些”的攀比心理作祟。这种人，心态不能主宰着自己，总是活在别人的世界里，是人的不自信加可悲。人生就是挣扎在利益、面子、理性三者选择过程中。跟着社会现象追逐的人，总想在众人面前，凸显自己风光无限，有脸面。以此达到心态平衡。这种人生活上容不得自己落在时代后面，有的经济实力跟不上，也打肿脸充胖子，千方百计寻觅市场上尖端名牌、享受着超级服务，还自以为是提高了身份、档次。虚荣心理、炫耀心理的火焰，燃得很旺。并且认为：这辈子，值了。但是，当今发达的市场现象里，利润获取急剧加快，商品、服务更新速度日新月异，变幻极快。老是追前沿，能追得上吗？显然不能。脑瓜子紧跟市场现象转，太累人，又失落，痛苦相伴是肯定的。影响着自身身体健康；影响着下一代过于追求虚华、浮躁的不利成长。

人活在现实里，就是凡事要量力而行。既看到市场现象，又结合自身实际而为之，才可活得踏实、自在。心态才得以安宁。

跟着市场现象转，盲目攀比着别人。什么好，要什么，什么新，买什么；人家有的我没有，人家进口的，我是国产的……心在这上面绕，痛苦就成必然。其实，个人永远跟不上社会步伐的。个人同市场前沿比，个人同众多的他人比，永远是单薄、微不足道，为此带来的焦虑、痛苦将成必然。

追逐社会现象，实际是一颗不安定的“心”在折腾。“心比天高”不能用在赶潮流上。即便市场上最时尚的物品，最超前服务被你占全了，恐怕不出几天，又会被更先进的时尚超越。任何领先都是暂时的，只有安于现实、择机而上才是科学合理。人人有享受时代商品和接受合法服务的权利，但人心态不能盲目跟着社会和现象转悠。人心态多放些在精神追求上，内在追求上。有形的变，无形的不变。只重视有形的物，无视无形的精神追求，会让精神空虚、心态烦乱。

现象是自然社会有形物活动的外在表象，现实才是和实际可能的综合。仅取前者，是重表象而轻根本，取后者才是实事求是。跟随前者转，是人性浮躁虚华一面的满足，取后者是量力而行。两者重大差别，前者只图外表虚名，后者是追求心灵安稳。追求前者，不仅成本高，且容易出漏洞，求后者，稳妥保险，心灵踏实。人心应放低些，亚洲首富香港李嘉诚，往往上班吃工作餐，在车上丢失一角硬币还亲自找回来，但为捐助慈善用钱从不吝啬。世界首富美国比尔·盖茨写遗嘱时，财产绝大多数捐给慈善基金会。自己过着普通人生活，只给儿子留些教育费。这些人境界高，内在丰富，心想着他人。他们绝不会只跟社会现象转的。

先进文化指明事物发展的必然

先进文化是古今中外前人们认识总结自然社会发展规律的结晶。掌握事物发展规律，就是对事物发展必然性的认识。学习先进文化就是掌握事物发展规律的走捷径。因为前人们完成了从事物发展过程中的实践、感知，到理性认识的上升阶段。学习先进文化就是对人类财富遗产的继承。今天的人们学习它，可节省许多对事物反复实践、感知，到理性的进程，可将成熟的理性拿来直接应用，大大节省成本。为此，学习先进文化知识是最划来、最合算的事。人类文明社会发展进步的过程，实际是历代人追求认识事物发展规律，认识掌握事物发展必然性的过程。今天从高科技到一般生产、生活的产品创新，绝大多数都是对前人已指明的规律必然性的应用，即公理、公式、定律、数据的采纳使用，同时结合现今实际创新出来。这样，今天新产品专利发明速度越来越快，就是因为有前人的成果做基础。最明显的是医生看病，因为有前人总结出来的大量医学、医疗、药理规律，才敢下手。病人什么症状，就知道什么病；从检查结果各项化验指标分析，就可得出病因和病的轻重程度，弄清了病因和病的轻重，就可以对症用药，用多少量，如何使用，等等。实际上都是国内外先进的西医、中医，从人类发展以来摸索、实验和总结出来的宝贵成果。药物的疗效，更是人类经历数千年提炼、实践、延用。有了药理对症的必然性，医生才敢为患者开药方。这种药物文化，是人类遗产宝库，是先人们对病因、病理治疗、使用对症的药物中，精心提炼总结的结果。医师的这种从病症状态中知道是什么病，怎样治病，用什么药……就是对病理规律必然性的认识。否则，若无前人总结的丰富的医学宝库作后盾，谁还敢看病？谁还敢用药？正因为有前人总结的病理规律做后盾，才给现实医生们带来自信心。此外，自然界、社会的所有领域，都是以过去先人们认识的规律必然性做理论支撑，才有今天丰富多彩的社会现实存在。那些自然学科的成果、理论、标准、公式、定律，社会及人文学科的政治、经济、法律、制度、人文、心理、伦理、逻辑等太多太多成功的管理成果，都是社会及人文中运行规律的总结。今天，看似搬来即用，岂知，先人们每认识一个命题要花费多少年多少精力才得以完成？所以，先进文化学习，是对人对己、对社会、对家庭都是有利的事，合算的事，大大降低成本的事。就这点看，没有历史就没有今天。历史创造了那么多宝贵财富让我们今天享用，今天的人在享用同时，应有感恩之心。社会上流传的什么“读书无用”是鼠目寸光，仅以读书后能不能找工作谋利赚钱为标准，对此不值一驳。人的价值认同，不该被眼前实际利益迷住。学习先进文化，提升自己价值观，对自己、对社会贡献价值巨大。

学习先进文化，就是直接认识、掌握、使用中外前人的研究成果。古为今用，洋为中用，他人的为己用，是天底下最划算的事。如果没有先人的文化知识科技领域成果利用，今天的人，必然个个成糊涂蛋，一切从头开始起步，人类社会必将回归原始的蒙昧状态。读书、学文化、长知识，无非是让自己多掌握前人先进文化科学知识结晶，明白事理，认清事物发展的“必然”。对认识事物必然越深的人，势必越聪明，对当今社会发展文明贡献会越大。读书学文化，让人懂得多，站得高，对现象看得透，看得深，掌握了事物规律，认清事物本质和必然，心地会更加坦然。读书学文化，让人认识自身的人性、观照内心，发现人心灵、心胸、心态、心情变化与幸福快乐的关联，可促进人身心健康。读书学文化，让人走正道的可能性增加。因为先进文化不同于垃圾文化、黄色文化、颓废文化、反动文化……先进文化滋养人的正气，是积极向上、扩充知识、益于社会的文化。学习和实践是人成长必经的两条渠道，但学习更重要，成长更快。因为人生几十年实践有限，学习先进文化面广、内容多、领域无限……学习是件苦差事，但有意义，对人能力发挥可产生事半功倍的巨大效能。

前人已指明了事物发生发展规律的必然，我们只要刻苦学习，即可逐步掌握使用，我们何乐而不为之？中国古代文化先师圣人孔子说过，“三日不读书，面目可憎。”1988 年 1 月，法国巴黎的世界诺贝尔颁奖会上，一著名科学家称：如果人类要在 21 世纪生存下去，必须回头两千五百年，去汲取中国孔子的智慧。有用的文化，先进的文化那么美好，甚至有的就在我们身边。明智的人，就好好学习吧，这便是先进文化的力量。

警惕全方位市场化

“无利益不交往，不给钱不办事”，几乎成为当今一些人认同的普世价值和潜规则。地球人异于其他物种的最大特征是：人有人性、人品、人格、认知能力、智慧，人有善于交际活动及开发未来的能力。人因为生存需要物资，发展经济增加物质是人类自身存在和发展的重要方面。这点类似于动物，都是共性需求，只是前者靠自身创造，后者靠大自然供给。商业社会下的市场经济体制，是国家发展经济需要的一种机制和管理方式。市场机制引进，替代了我国原有的计划经济体制，促进了有形物质财富增长和多方面繁荣毋庸置疑。这是国家发展的必须要求。不可否认，物质增长是人类生存发展的一个重要方面，但作为社会的人，更需要人情往来、人情世故、人品立世、人格支撑、人生奉献……靠人文精神充实人生才是本源的人，真正的人生含义。

经济发展的商业化市场化，使国家经济实力增强，人民生活富裕安康。但不可将此模式扩展到人文领域，替代人生全部。经济发展模式合理有效使国家有形的硬实力增强；人文方面的软实力离不开人的和谐相处、文明进步，宽容依赖、互敬互让。只有物质和精神的全面提高，才会有人人轻松愉快、个个心情舒畅的安乐环境。若让软实力也跟着商业化市场化，社会风气就要走上歧途。

时下，商业规则的市场化，几乎渗透到各个行业，普及到大量人群的思维中。尚未涉世的年轻人，一谈人生目标，开口“多赚钱”，闭口“当名人”。网络中男孩子受追捧是因为什么“高富帅”，最被称道女孩是“白富美”，“高白美”是父母遗传，崇尚目标的实质还是一个“富”字。商业社会市场经济下，竞争是唯一规则。一些年轻人梦寐以求当名人，在一些媒体渲染下，“我要出彩”，“我要成名”，疯狂颠覆着一些似懂事又非懂事一代人的精神灵魂。艺术行业成了千人热捧追逐一个岗位的热门，队排得再长也得往里挤。心照不宣，成“名人”后，富就有了，财就来了。的确，演艺的一出场，成千上万收入就火速进账了。社会若都如此，那些苦活累活脏活，挣钱又慢的行业，谁还愿去干？当今，城市居住小区保安人员年岁越来越长；马路清洁工越来越老……因为农村年轻人也不愿干这个活，更加吸引人的“短平快”致富，或成“名人”，也成了他们的奢望和追逐。社会竞争存在差别是客观事实，但最吸引眼球的舆论工具不必为此推波助澜，播放前者导向频率大大高于对平实行业的普通人群，让人难以理解。提倡竞争时，甚至“走自己的路，让别人无路可走”的话，也在春晚上播出。职业竞争中有强有弱、有先有后、各方兼顾、合作共赢是常态，市场从来是留给后路的，极端“自我”的宣传，有背社会主义核心价值观的。若都如此，道德口号中心的“礼让三先”，“帮扶弱者”，就没啥意思了。为“出名”造假泛滥市场，抄袭论文、伪造学历、伪证书、假文凭……应有尽有。其目的，不是捞钱，就是想“出名”。人生目标纳入纯利益圈子，同国人优良传统做人目标差距太远，“长大做个有本领的人”，“做个自食其力的人”，“做对社会有用的人”，“做有道德的人”……

显然，后者是永远闪亮光辉的，也不是与时代落伍的。呼吁社会正能量增长还需从正道入手。

人格市场化，一些人目标只瞄准利益。权势最受追捧。人格是做人底线，出卖人格追逐权势换取利益，买官卖官，行贿受贿，贪污腐败等盛行。用手中掌控的国家和人民利益的权力，换取个人私利，用自己人格和恩惠媚眼对方。双方标准地执行着商业市场化的运行规则，用财换官，小利换大利，私利套公利，各方以此为满足，吃亏的是国家、人民。人际往来市场化。与人交往，无利可图的免交。传统的仗义、正直、纯洁朋友已不多见了。服务行业市场化，不见钱不给办事。办事入门费，入学赞助费、设卡摊派费，无事乱收费、豪华包装费、过度医疗费……太多太多。亲情亲朋关系市场化，商业交换价值规则用到了家庭、亲朋之间。有多大实惠办多大事，遗产分配容不得半点不均，否则上法庭。有利就亲，无利成仇。你来我往，人情债等量付出……一切都在有含金量中交换，吃不得半点亏。人类溶于血水的亲朋关系被利益的铜臭味掩盖得严严实实、真真切切，令人心酸。道德市场化，无钱不办事，甚至见死不救。抢救落水者，先问给多少钱；马路上有人被打呼救时，挺身而出者已不多见；行骗人对诈骗对象不分老幼，只要能骗得钱上腰包，什么手段都使得出来；有毒食品、假药、假保健品，只要能蒙得上钱，不顾无效有效、对方是死是活，都敢下手出卖收钱……社会上道德寻觅已是件很稀罕的事了。

资本主义市场经济，是专用于经济运行规则的。其交换原则、对等原则、竞争原则是在物质、资金、资本范畴中使用的。人性、人格、人品是不可交换的，人类生存、生活、交往的范围是多面、包容而宽泛的。人类文明进步就是指背离野蛮自私。商业市场竞争既是公平又是残酷的，而人类在同一地球上，同一阳光下生存，应该是互相包容、互相忍让，互相帮助的。这是超脱于物之上的精神融洽和人文关怀，不是用金钱多少来计算的。那些为公益、为他人，为民族、为正义、为信仰奉献一切，用金钱是买不来的。当今，社会上那些志愿者，舍己帮助弱势的人，不是用等价交换能得来的。为此，决不可将商业的市场化扩大至全民行业，更不能在舆论导向上任其泛滥。名人也不只是某些出头露脸多的人，更应在报道频率上加大宣扬那些无名的、背后默默奉献的人们，尤其基层普通人群和有奉献的社会精英人物，这才是社会主义核心价值观的舆论导向。

“惹不起”“躲得起”是智者生存之道

世事难料，人生坎多。人在生存路上遇到坎坷是正常，人的过“坎”“闯关”也成必然。智者在“坎”面前，冷静思考，权衡利弊，沉着应对，易过的则过，经过努力可跨过的“坎”，必定奋力而冲；若面前的坎坷强大或险恶，惹不起，硬碰必败，倒不如暂退一步，即“惹不起”可以“躲得起”。“躲”不光是隐忍哲学，也是退而为进哲学。躲的涵盖内容多。在强大和险恶面前，承认当前，接受现状是躲；他们且退一步，寻找对策，蓄势待发也是躲；在无法越过的关卡面前，或者有的关卡不值得闯，闯赢了没意思，输了也不值，此时绕开，退回，另选路径，都属高明之举。人只要生存、生活，路上遇“坎”不可避免。生活中的“坎”，事业上的“坎”，人际交往的“坎”，一个接着一个。较难的是人际交往中的“坎”。遇上狠人、恶人时，“惹不起”必定“躲得起”，是最佳选择。当然，碰上“惹事者”，你想躲也躲不掉时，那就要借国家法律法规和纪律制度来管了。

最难识别是甜言蜜语、虚假言辞、广告欺骗。他们惯用小恩小惠等手段“请君入瓮”，此时“躲得起”就是不贪图那些小便宜，就不容易上当受骗。世界的阴暗面还有那些赌场、吸毒、黄色诈骗、黑社会等诱人犯罪的角落，这些实实在在的“惹不起”，躲得越远越好。人生“本不该”发生的事不少，就是遇上了“惹不起”，没有及时“躲得起”而带来的。吃后悔药的人，想着自己的失去，总是追悔莫及，不该这样，不该那样，其实缺的就是“该躲不躲”的智慧。

遇上“惹不起”，就是碰上“力所不能及”的事，或实力比自己强大的对手。胜负受实力差距决定。在明显的强者面前，退一步是智者。“两强相遇勇者胜”，指实力类似者互相的对峙较量。两强相争，不指实力悬殊有差别的相争。当然，实力不指单纯的体力、物力的大小，而是包括智慧高低在内的综合力量。因为一个智慧很强的人，往往也可击败体力、物力比自己强大的对手。同时，竞争环境也很重要。一样环境下，才可算“两强相遇”。所以，实力悬殊明显时，弱的一方被打败，还不如自先认输，躲一下，既减少损失，又免除伤害，尚能找回点面子。“惹不起”，对明知不可能的事，不要惹它，不要想它，不要起贪念。人的欲望往往不受“可能性”限制，欲望是心智的突发奇想。人性贪恋一旦制造出来，就产生一种暂时心理满足。不切合实际的目标，一般大于实现的可能性。欲望拔高，就是“惹不起”的欲望。如果硬执着而上，必被碰得头破血流。有的为实现“高欲望”走上歪路、邪路，此时在“惹不起”面前刹车，就是明智选择。当然，低欲望的也有，这种人追求目标低，满足感较强，痛苦少些，但也成不了什么大事。

“惹不起”“躲得起”不是胆小怕事，手足畏缩，裹足不前，它是在“惹不起”面前则主动撤退；胆小怕事、裹足不前是被动退守，两者性质不同。被动退守是保守主义者，甘拜下风，再无下文。主动撤退是暂时回避险恶，绕开强者，并蓄势发奋，虽退而不言败，饱含着今后或用其他方法可以再取胜的勇气。实在永无希望，便调低自己过“坎”目标或方向，避开实实在在的、今后也无法实现的“惹不起”，这是积极的“躲得起”。而被动退守是消极的“躲得起”，害怕了，不敢了，自甘落后，永无希望的“躲得起”。

人生路上沟沟坎坎、悬岩断壁、万丈深渊的存在都有可能。躲得起的路子不止一条。正常情况下，能顺利通过的，毫不犹豫跨过；遇上努一把力即能过的，也奋发拼搏一下，坚决跨过；遇上强大、险恶关卡，即“惹不起”的时候，不妨分析后区别对待；暂时过不去的，先退一步，积蓄力量，稍等一时，设法再过；若永不可能时，即毫不惋惜地退却，绕道而过，降低门槛，也是一步好棋。人活着就是不断克服一个又一个困难，夺取一个又一个成功，这就是奋斗拼搏。在不断搏击中，忍受着付出时的艰辛享受着收获和喜悦。这才是人生活着的真正含义。

我是两个"我"

活着的正常人，必然是肉体和精神的共存。肉体是有形的、并以物质的外在形态呈现，且随时被精神牵拉着往前走。人生下来，在光线下，第一眼瞅到的就是实实在在的活动肉体。还可从肉体结构上分辨出男女。此后，起名字、入户口，都以肉体特征为参照。人出生后进入社会，在成长过程中，参与社会交往的个体，也是以肉体特征来确定张三或李四。人出生后的呼吸营养御寒安全等要求，主要以这个肉体为对象。物质消耗是肉体生长的必需。让肉体需要满足，产生快乐感，取决于物质给予的种类范围、数量和质量……于是，多数人会为此奋斗拼搏终生，为尽量多满足肉体需要，创造着丰厚的物质基础。物质财富越多，对肉体满足更有保障，古语"人为财死、鸟为食亡"，不无道理。但是，附着于人体的是精神，这是无形的，看不见、摸不着的。人的"心"是司令部，大脑产生的思想是"心"的升华，那个抽象的"心"，即人们通常说的心态、心灵、心愿、心念、心思、心情、心志、心肠等，人有目的的活动，主要来自"心"的指令，一切产生于心。佛家说"一切生于心"，道理一样。人大脑接受"心"的指令，经过思维加工，对"心"的指令进行研究并判断，琢磨着它的可行性，最后决定实施与否。包括实施的程度，这也是大脑思维的周密性。

大脑裁决后，再由身体通过嘴、手、腿等动作来实施行动。人的行为都要经过这一“心念、意识、行为”过程的。人的“主意”、“意向”先发自心灵，大脑思维加工，肉体实施都服务于“心灵”。这一奇妙的心灵思维组合，唯有人类才独有。动物完成动作，不过是本能的简单索取或发泄。

从这一意义上理解，我是两个“我”。首先是肉体的我，有形的我，名字上的我。名字是肉体的标记，是区别人与人差别的有形符号。我能被别人识别，无非是名字、长相，都指那个一百多斤的肉体。个人成长，与社会交往，都以有形肉体存在而不致被识别错。肉体生长发育需要物质。为这部分物质，也够我奋斗大半辈子。没有物质，不可能成长壮大。随着社会发展，无限的物质增长空间，催使人们产生永不满足的欲望需求。物质越丰富，给人肉体快乐感越强。人生，有几个不是在为钱拼搏？多获财富是普遍人的梦想和希望。不要忘记，物质满足仅仅是人生需要的一个方面，况且是有限的。当然，肉体上的繁衍下一代也需储备些物质，不过，也有限。作为社会的人，精神的需要才是无限的，且范围更广，层次更高。我儿时蒙昧状态产生过理想：未来走什么路，成什么样，那个理想就是“心愿”；上学后，喜欢什么专业、报考什么大学，都是“心愿”在起作用；参加工作后，如何处人交友，怎样保护自己，参与社会……还是“心愿”的作用。我的多数行为与结果，都与自己“心愿”有关。随意的碰巧，任其滑行也有，但不多。这“心愿”就是精神。靠智慧活着，智慧可有效地分析判断心灵发出的意向目标，让其在实施时，收效更大。我们平常说的“思想斗争”，就是这一升华比较过程中的一种状态。人主要是活在物质里，还是活在精神里，由自己选择。我比较爱看书，喜欢听音乐，爱数独，对素描也有兴趣，也喜欢旅游；或交个对上口味的知心朋友……这些精神层面的爱好，让大脑轻松，心情愉快，带来幸福感。上饭馆，吃口味，住高档宾馆，穿名牌衣服，坐小车……也让我舒服满足，产生快乐感。但前者有效时限较长，后者带来快感较短。后者是肉体的满足，前者是身心的愉悦。尤其是看书、学知识、多感悟，看透社会现象及人间事物的本质，悟出了真谛，对那些美的、丑的、恶的都不会太介意，认为“出现正常”。世界本来就由“美丑恶”组成，这才是多彩的世界。认识到存在的多样性、必然性，很少会生气，不易产生不平感。接受现实，理所当然。如此，心情平静、放松，才是真正的人生一乐。

我是肉体的“我”，更是精神的“我”，只要活着，这两个“我”也是分不开的，互相依存的。争取理想的状态是：忘掉具体的我，多处于“抽象超脱之我”当中，那才是高境界的修炼，但太难了。

生命抛物线

人生坐标上，每个人的生命都遵循抛物线原理往前走着。宇宙中，两点之间物体移动，都以抛物线形式存在。天空流星移动不是直线；子弹从枪膛打出去不是直线；扔出去的石子不是直线。它们都呈现抛物线形态。人生坐标上，单个生命体的出生成长消亡也表现为抛物线形态。

人与动物重要区别是：人有大脑思维，思维支配行动，人的精神可以升华，动物只可进行本能的自身活动。人生坐标上，婴儿出生是原点。人一出生来到世间，肉体便同时附着精神。从此，人就依靠营养食物及保护，精神伴生着肉体往前走，只有肉体和精神的合一，才产生生命。二者分离，人就死亡。人靠肉体和精神前行时，肉体存活的时间是生命长度；精神升华的层次是生命的高度。婴儿出生时就夭亡，无生命长度，也无生命的高度。

人总希望活得高兴精彩、肉体生命活得更长。实际是既想过得愉快幸福，又要长寿。二者兼得，当然最圆满。但如何才能兼得？肉体靠物质维持生存成长。物质丰富，人们的生存生活才更有保障，生活方式内容会更加丰富多彩。但人的精神升华，是人生活层次的另一个标准。人生坐标上，生命抛物线以坐标原点起始、肉体生命的长度沿地平线直往前行、精神升华往更广阔的高处走。肉体和物质离不开大地，只有精神才可无限升腾。有句名言说得好：大海再宽阔，比不上人的心胸宽阔，就是这个道理。人既活在物质里，更要活在精神里。只靠物质，饱食终日、无所事事、一无理想、二无情感、三无境界。这样的人，只能躺在大地上延长着自己的肉体生命，与动物差别不大。当然，这种人的肉体生命也不会太长的。

生命抛物线上，往高处抛得越有力度，顺45度角既高又远，肉体生命才会更长。用一定力度抛高抛远，就是精神的无限升华。让情感愉悦，让精神高兴，让智慧增加，让境界提高，让精神生活多姿多彩，对社会和他人奉献更多。这种人的生命抛物线就会又高又远。同时，地面上这种人的肉体生命直线坐标也会更长。这叫福寿双全、人生至宝。还有一种人，精神境界奇高，见义勇为，能为人民利益而牺牲自己，这种人在生命坐标上，精神境界的高度会突然升腾，随之，生命抛物线急骤垂直落地，回归尘埃大地。肉体生命虽短暂，但精神高度奇高，是平凡人中的英雄。人们会永远记住他的英勇精神，精神永远不灭。生命抛物线的水平坐标，只能在大地上，离不开大地。宇宙间，我们的诞生都来自宇宙地球上的一粒尘埃。人的生命抛物线几十年、上百年后，肉体生命还得回归大地、回归尘埃。地球上面有形的都离不开大地。人的肉体，钱财物质都只能在地平线上获得、拥有、失去。肉体死守着钱财物质，无精神追求，只是低层次的人生追求。因为肉体人的物质需求有限，够了就可，多了无用。精神的需求才是无限。只有人的物质生存有保障，追求无限的多彩的精神生活，才是最高尚的。

生命抛物线又是一条养生线。一个健康的人，首先是心理健康。心理健康属于生命的高度，指对社会环境的适应，生活规律、顺其自然，对他人对社会有情感、乐于助人、多种爱好、生活丰富多彩，这种精神境界，就在将自己的生命抛物线用大力度往上抛，精神力度越大，最后抛物线落地越远，生命也越长了，这种人精神肉体都受益。这就是最佳的养生。

人的一生，需要为谋生准备物质、保护躯体；又要为增添生活乐趣，多付努力。生命抛物线既有长度，又有高度。在物质有了保障后，升华生命高度往往更重要。通常那些有理想、爱好广泛，有爱心的人，对物质看得淡。这种人一辈子既有生命长度，又有生命高度（或叫生命宽度），是生命抛物线的最佳轨迹。

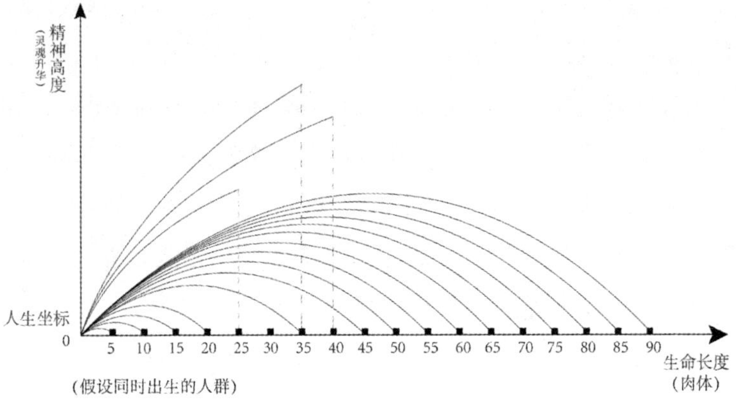

顺其自然不是听天由命

宇宙间事物能在不断运动和变化中构成并相处，并有它自身的规律。这个规律就是自然，就是老子所说的“道”。我们顺其自然，就是顺应这个规律，遵循这个“道”。这个规律是绝对的，也是必然的。宇宙天体，地球上万物生长，一年中春夏秋冬四季变化是自然界的规律；社会领域，政治经济人文发展是社会发展的规律。地球绕太阳公转、自转带来春夏秋冬、白天黑夜、风雨雪霜、洪涝干旱、火山地震等都是规律，人和万物的生老病死也是规律。在大自然面前，人不过是只小蚂蚁，随便一踩便死亡。总之，人们在自然环境和社会大环境面前，总显得那么脆弱和无奈。在规律面前，人若对着干，只能碰钉子，遭恶报。只能顺应和遵从规律、利用规律，这就叫顺其自然。

在自然规律面前，人不是无所作为，被动听命的。必然是规律，偶然是现象。无数现象发生中，蕴藏着必然。即偶然中包含着必然。人为什么要有智慧？就是要认识规律，要对无数个偶然作出选择。偶然就是机遇。比如男女终要结婚是必然，和谁结婚就是偶然，数万个未婚符合条件的男女都是你选择的对象；人要房屋居住是必然，盖什么式样房子是偶然，可以挖窑洞，可以建土房、瓦房、楼房、别墅……都是可供选择的偶然；参加工作有饭碗谋生是必然，但做什么工作是偶然。体力的、脑力的，工作职业种类太多太多，都是各人的偶然；人的最终死亡是必然。但何时死、生什么病死又是偶然；无数个健康方式选择，让你转危为安、推迟死亡时间又是偶然……所以，人在规律面前，顺其自然，可以大有作为。这种作为就是认清规律，最大程度地把握住机遇，选择事物发展的偶然。世界上，同一种事物有着无数个发展结果。学校里，一班受着同样教育的同学，长大后，会有无数不一样的结果。有人事业上成就很大，有的事业平平，或是无所作为；同一种病发生在不同人身上，也有无限个不同结果。脆弱的愚人，可能在规律制约下，过早结束生命。而顽强的智慧者，会挑战疾病，善于调养，最终战胜死神，生命又延长。两个结果都是死亡，但死亡的时差很大很大。人的作为，就是对事物发展必然性的认识和偶然性选择的把握，并顽强去奋斗，就在不利的规律面前，取得“好处”的最大值。

社会大环境客观存在，也是规律。因为人类社会发展总是后浪推前浪。总规律上，先进代替落后。人处在某环境里，往往产生不适应感。这也看不惯，那也看不惯，总认为自己是对的。错！与人相处，也有规律。他人的习惯、性格、待人方式都是客观存在。同在一个单位，你不处又不行，少数有能耐的还可跳槽，多数人非处不可。指望别人改变不现实，怎么办？当然他们明显的错误或犯罪会有纪律法规来管束，但又够不上，只是个性、性格、处人方式差异构成的环境。在环境改不了的情况下，只有改变自己，自我主观改变才是可行的。宽容接受、顺其自然，退一步海阔天空。人生就是在好中差都有的人群中相处，都想挑“对口味”的人一起处不可能。看不惯，硬顶，只会让自己生气，甚至影响健康。改变自己，把一切当作正常，心气一顺，也都正常了。改变自己就是改变心态。心态是人生最大的战场。人到了陌生环境，开始不习惯，以改变自己心态开始。既来之，则安之。变不适应的环境为适应。久之，成为习惯，就会顺应该种环境。以一颗平常心对待不平常事，什么都好办。当今，去寺庙拜佛求签保佑的人不少。许多是年轻男女，他们多数是求财、求婚姻、求子女、求健康、求好运之类。人的虔诚是自己的权利，拜佛祈祷是人的信仰自由。但有一条，实干和把握机遇是自己的事。不付出吃苦精神，没有知识智慧，“好运”是飞不来的。赌博、中彩票、获大奖是数万人当中的唯一，机会太少了。花钱求签算命，仅能得一些心理安慰，且是暂时的，连佛家本身都说：“佛祖在我心中。”人的理想职业、幸福婚姻、健康身体只能靠自己的知识智慧，努力拼搏实践而得到。

人类在大自然和社会大环境面前，虽然无力回天，但不可俯首听命。就是既要遵循规律，又要把握机遇。这种机遇把握的空间是很大的。一种事物发展有多种结果，不同的人有不同的未来。轻率地用一般规律去推理、比较，或将自己置于无所作为的境地是有害的。认识清楚了，人的生活信心会增强，终生不顺事大大减少。如此，才能活得潇洒自如。人与人之间，不能简单地找共性。他就是他，我就是我。个体差异极大，不能以为他人不行的，我肯定不行。岂知，你多付“一点”努力，最终与常人的那“一点”差距，往往就加倍显现。智慧和勤奋不会亏待那些努力付出的人。

心摆放的位置

心是人体最重要的脏器。心的活动是人思想、行为、品格变化的根本源头。心是人生内部活动的最大战场。人的心态好，就会创造新希望，命运也会随之变化。人的心一歪，自己遭殃，同时给别人带来祸害。人生最美好的享受，都依赖于心灵的能力。人的高尚、本分、无耻、罪恶，全在于心的摇动。心一晃悠，山摇地动。对他人的爱、同情、帮助，是一颗同情之心在闪动；人的欲望由心引起，由此带来的胆大妄为是一颗私欲和狂妄之心闪动；对他人的不满、嫉恨、凶恶，是残忍之心的闪动。总之，一个人是本分，是英雄，还是罪犯，全由他的心操控。

既然心的活动对人生成长如此关键，心应该怎样呢？那就得看：心摆放的位置。人的心应该放在哪里？看似最寻常最普通的话题，做起来却十分困难。家长和学校老师对孩子的教育培养，除灌输知识外，就是心灵的培育；许多成人的终生修炼，也是对心的修炼。修炼的关键，是将心放在什么位置。

人的心该放在两个位置。首先，你的心要放在他人心上。你的心放他人心上，叫“心心相印”。这么做，你的同情心、关爱心、怜悯心自然产生。一个经常想着别人的人，必然是个仁爱无私、充满爱心的人。你的心放在父母长辈身上，就会理解父母长辈在想什么，需要什么，便会准确地投其所好、有效地产生孝敬之心；心在孩子心上，就会得到子女信任，做出有益对路的教育，利于孩子成长；心在爱人心上，对方会感到幸福无比，双方心想之事一拍即合，家庭和睦兴旺。心在他人心上，恶念不会产生。人的心可以互换、将心比心、好心换真情、坏心换恶报。当然，心放在事业上，放在国家集体利益上，放在天下民众的心上，就更能增强人的高尚。心放在别人心上，就是心想别人所想。

其次，心应放在自己心上。会有人问：谁的心不在自己心上？否！生理上的心脏，确实长在自己胸腔。但有强大心理作用的心胸、心态、心情、心志、心思……却无时无刻不在闪动着。这种闪动，往往决定着自身是祸是福的终生命运。人心的位置，以“定”为好，以“稳”为好，以“收”为好，以“中”为好，以“正”为好。孩子临考，或参与竞赛活动，家长总习惯叮嘱：心放“定定”的，即叫孩子保持“安定”心态去应战。“安定”让人临危不乱、稳住阵脚，有利发挥自己正常潜能，为取胜创造有利条件。“稳”是稳定，“稳”是脚踏实地按自己条件和事物规律办事，不能胡思乱想，取胜把握就大些。心的“不稳”，就产生不切实际的想法，好高骛远，反会弄巧成拙。“收”就是收住放荡不羁的心猿意马。一个人心“野”了，就更要“收”心。小孩玩野了，忘记学业；年轻人打游戏机、上网、赌博、吸毒成瘾，都是“心”收不住。生意场上的诈骗，想用不正当手段占有他人利益，就是利益熏“心”收不住。收心很重要，也很难。通过帮助教育，甚至动用法律、戒毒所、坐牢房等手段，提高人，改造人，就是在帮犯人收“心”，这叫强迫收“心”。心放当中，心放正，不能歪邪。因为人心一歪，产生邪恶之念，坏点子就出来。人心一歪，就失去正义感，良心道德感全无。就会以不正当的行为欺负人，或非法取得他人财物，干违法事。心歪就是心术不正。社会上，谁也不愿和一心术不正之人交往。心的活动威力无穷，心的战场如火如荼。心动会让别人不能安宁。心不动，一切都不动，心一动，山动地摇。所以，心放在自己心上最好。

人生只要守住这颗稳定的心，安宁、淡然、宁静什么都会顺畅了。人的境界提高，就是让心安定下来，一辈子受益无穷，也利于身体健康。

心是心思行为的发源地，心是全身司令部。我们学习优秀人物、多读书、提高自己，就是让这颗心更加纯洁、更加安宁。心在位置摆正情况下，让心灵有理想、有目标、有正义，可为自己为家人为社会造福。心不是静止僵死的，关键是摆正位置。找到了心的居所，人的心放在哪里？就放在心上。

家人的亲和与独立

夫妻结合、血缘链条将人们组合成家庭。社会细胞就是由千千万万个家庭组成。农村数十个以上家庭构成村，城市成百上千家庭组成居委会。村和居委会都是国家政权的最基层单位，逐级往上，形成国家及政权。“有家才有国，有国就有家”那首歌，唱出了社会政权组合的真谛。家和万事兴，家庭和谐，国家和谐；家庭稳定，国家稳定。家庭是情感和利益结合最紧密的地方，家的重要性不言而喻。经营好夫妻组合和两代人以上共处的家庭，是一件很不容易的事，根据“家家有本难念的经”推敲，处好家庭关系的确是件较难的事。

家庭成员之间主要是情感相处和财物纠结。主要成员往往过高估价了自己的位置，夫妻结合理解为“占有”。实际上，夫妻是两个独立人的组合，互相独立，互相关爱尊重才可维持长久。夫妻结合，不要指望对方都顺从自己，更不是占有对方。夫妻间亲和、关爱、体贴，更有义务担当困难，也不是百分百依靠对方。夫妻间都应是独立的个体，在此基础上尽责任尽义务，才可真正尝到爱的甜蜜，夫妻间默默的情感是心灵融合，才是最珍贵的。不是口头上“山盟海誓”口号可以替代的。不可把子女当作占有，占有就要支配，被占有的子女不服从支配，矛盾就此产生。家庭中每位成员都有独立的人格，都应受到尊重。孩子生命是父母给的，但不是父母私有财产。抚养、教育孩子长大成人是父母的义务，义务就是应该。当然，在孩子未成熟期，父母对其严格管教是必不可少的，这对其以后成人有好处。但孩子长大后，自己是家庭独立成员之一，又是社会成员之一，孩子对父母有回报养育之恩的义务，但在人格上，同父母是平等的，不是“拥有”或“占有”的关系。血缘关系本能地产生亲和的纽带。因父母要“占有”子女，自发地带来的支配、包办，这也想管，那也不放心。为此发生的孩子抗争随处可见。父母终生都想拉着子女亲近再亲近，老想用血缘这只手牵着孩子，只会适得其反。把孩子当作独立的人，孩子反倒欢迎，更会敬重你。子女，从小到大同父母都是从紧密到疏离的关系。孩子要到外面闯事业、闯世界才是父母心愿。对孩子从抱着、拉着，到自己走，最后渐行渐远，双方挥手“拜拜”“再见”才是正常。

社会上一些人，不惜重金办婚礼，多少多少玫瑰花相送，用甜言蜜语发誓，爱得死去活来，只是暂时的热度。真实地组建家庭后，平平淡淡的日子，矛盾会很快产生，甚至爆发。人的独立，就是保持一定距离，距离产生美，距离产生亲近。距离感的神秘色彩，让人好奇不厌烦。对孩子信任，还要宽容一些。提提建议可以，切勿什么都干预。孩子长大成熟了，有自己主见。父母不要把对孩子小时抚养教育的义务当作孩子对父母的欠帐。平心而论，我们每个人都是欠上一辈的太多太多。我们父母大都不会说出来。再想想，子女抚养教育他们的孩子，不也像我们一样付出吗？原来孙子欠孩子的、孩子欠我们的、我们欠父母的、父母欠祖父母的……这就是家庭欠债的链条，并且欠债的人未必还给被欠的，而是还债给下一代，这是血脉连续造成的，没什么不平衡。何况，孩子长大后，多数会尽孝敬父母义务的。对孩子要有点宽容之心。孩子对父母说过“不中听”的话，心里不是滋味，当面斥责也行。但闹翻了双方心里还是不快活。父母跟孩子闹，输了不痛快，赢了还是不痛快。在这一点上，当父母的永远都是那么矛盾。其实，有时孩子对父母说过不中听的话，他自己还未觉察。当然，原则问题可当时说出，一般话语多用沉默相对。沉默往往比当急发火更有效。到关键时，孩子肯定都向着父母的。退一步想：自己当年对父母不也说过“不中听”的话吗？父母对我们没怎么计较，我们今天对孩子也不要耿耿于怀了。孩子是否孝顺，有多种形式，多说好听话，让父母开心是孝顺；物质关怀是孝顺；但不善言语表达的孩子，独立生活能力强、工作有出息、不让父母操心，这也是很大的孝顺。人性格不同，各有其孝顺方法。作为父母，不要过多指望。孩子自己过得好，父母有难事，孩子能立即帮，这就是最重要的孝顺。何必计较语言方面呢？孩子能自立时，最好不与子女同住。还是那句话，保持距离，减少眼球看到的许多烦心小事，想象孩子日子会过得不错，使脑子中抽象的好事多起来，多产生好感，心念的情感才深。我们是这么做的，且坚持相处三句话原则：你们过你们的，我们过我们的，遇到困难，相互帮忙。实践中，送孙子上学，虽不住一起，但爷爷奶奶心随时牵挂着，从未耽误过。只要接到孩子们要来家吃饭的电话，我们都特别高兴并精心准备着。同时，我们有什么急办事，儿子媳妇都热心帮忙。这样，大家无事不干扰，有事互相帮。各自过好日子。我们老人的时间充裕，上公园、跑商场、想吃什么吃什么，自由度大。这就是全家人的亲和与独立。

在人生隐蔽面寻找自我

人性有对外表露的一面，更有隐蔽自我游弋精神的一面。对外可露出的，一边给他人看，一边是自我表演、展示、释放。能对外的，有些是真实，有些是演戏。人生只有对内的部分更真实。挪威一作家说过:“每一个人都像是一座两层楼，一楼有客厅、餐厅，二楼有卧室书房。大多数人在这两层楼间活动。实际上人生应有个‘地下室’。没有灯，一团漆黑，那里是精神所在地。深处暗室，闭门独修，正是为了真实的自我。”一个没有“地下室”的人，哪怕地面上房屋再华丽，再漂亮，也是一种贫穷和困顿。静心沉思摆脱一切琐事俗务，全心记录着自己的思考和感悟，这才是你真正的价值所在，也是人生的目标追求。

几乎所有对外说话、办事、表演的人，都有过“留一手”。这种“留一手”、当时不便外泄、放入心底，就是隐蔽的人生。隐蔽的最真实，是自己的所思所想。古今中外打架搏斗时，时常有一方说：“来假的还是来真的？”来假的，面子上打打碰碰，来真的才是真正的搏斗。人的隐蔽“地下室”，什么都可以盛。善的、美的、丑的、恶的，都有。“地下室”里装东西的纯净度，在于人内心世界的善恶程度。表明其知识的多少、修养境界的高低。社会上做坏事、做恶事的人，内心也留一手，无非是坏心思和恶毒的伎俩。

法律审判面对公堂时，这群人内心隐蔽的坏事通常不愿如实交代；无知的孩子，犯了错，往往在大人面前隐瞒不讲。有些人对外交往，为急于办成事，尽力说些好听话。对可能发生不利的隐蔽事，故意不说。为的是，今后局面突变时，逃避责任、保全自己。这些人内心世界的隐蔽层面，装着不健康的东西多，甚至装着专门坑人的点子。反之，多数人“地下室”里装的是健康精神。尤其是思想境界高的人。这些人，在处理面上世俗之事的同时，尽力为自己留下隐蔽宽大的空间。编撰《苏轼年谱》、《三苏年谱》的古文史研究专家孔凡礼，对各种官方加冕，一再选择放弃。他在给友人信件中说：“当我在自己的人生‘地下室’里编撰古籍时，我的心灵是那么清澈，那么的宁静，那是我人生最大的幸福和快乐！”

人生不能没有隐蔽的一面。有些人天性爽直。想什么，说什么，说什么，做什么。即便这种人，也必有隐蔽的一面。比如，他在客人家吃着不对味的饭菜时，客人对他又很重要，这时他应付吃一下后，不会说出“不好吃”的字眼来。这样的人，凡遇上对己不利的事，他仍会隐蔽不说的。世界上人与人交往，能真正和盘托出的人，几乎少见。没有完全真实表露的世界。人际交往太真实、太直接，大家都受不了，会人人变得紧张、自危，也就无文明可言。构成自然界的各种特质及其运动变化的规律，都有表露的一面和未被人知晓的一面。科学界的任务就是探索自然界的隐蔽面，且永无止境。何况高级复杂的人类，隐蔽面更多、更广、更深。

我们是人类。人类顺应自然规律发展，应变得更加进步，更加文明，更加智慧。人生踏入社会，可投入表演的外露部分，都会小心翼翼、精心设计。张扬和收敛的分寸，多数人会把握得当，唯恐出格造成被动。同时还想赢得他人赞誉和认可。表露前，通常有准备。人多、公开面大的场合，准备更充分。如领导给大会讲话、专家学者作报告、各种讲座、文娱体育表演竞赛等。目的是获得更多人广泛认可，提高知名度。所谓名人，就是公开表露的东西，得到了绝大多数人的认同，使他们成为这个家、那个大师。通常人的交往，都是一对一、一对几或几对几。与前者名人名家比，就随意多了。越是随意的，越能接近真实和隐蔽的。一般名家名人露面的表演成分更大些，接近真实隐蔽的就远一些。社会上，违法犯罪的传销、有毒食品制作销售、假药、假营养品、非法集资、电信诈骗……宣传表露得看似很好，隐蔽的真实坏透了。这些犯罪人，不敢露出隐蔽真相，他们的精神“地下室”，包藏着害人的祸心，隐蔽的空间太恶。人民有权揭露他们隐蔽的一面。正常人、健康的人，隐蔽的东西一般都是健康的、道德的。人们在这块隐蔽的“地下室”里，让精神安静、心态坦然。用古代圣人老庄的“乘物以游心”，修炼自己，提高自己。在人生的隐蔽一面寻找自我。这种人才会真正幸福。

面子的虚伪

“面子”是里子的对立面、外表与实质的对应。许多人终生为了“争面子”、“保面子”、“给面子”耗费着很大的精力、物力。有的甚至搭掉生命。人们为“面子”付出，多数是自觉的，往往还在所不惜。人的“面子”一般是无形的，属精神范畴。为保住脸面，为“一口气”争个你低我高是常有的事；某人让我“下不了台”，伤了“面子”，会记仇报复；为“争个面子”，从小就立下志愿：奋斗不息，非得“出人头地”不可。为了“有面子”，将空虚的内囊，乔装打扮成“八面风光”，死要面子活受罪；一家人为口舌、尊严等“面子之事”常闹得不可开交，甚至死去活来；为自己“面子”，出人头地打压别人……总之，为了面子不计后果，已成国人难以容忍的信条。面子就是“脸面”、“一口气”、“外表风光”之类，面子真的有那么重要吗？“是可忍，孰不可忍”，为国仇家恨受到不公正对待，当然要伸张正义，即使牺牲也是应该的，这叫骨气。上面所讲的面子是不同于骨气的，它们有天壤之别。面子仅指普通人、邻居、同事、同学、亲朋、家人之间一种“争气”的“面子”。这种面子，只是为了精神心理上平衡、一种虚假的满足。这种“面子”不是理性认可的，只是本人心态的产物。它带有很大的虚伪性，极易蒙骗人，看似有力，实则虚弱。

不要实质的“面子”是“假面子”。人格之美，是外表与内涵的一致，是心灵之美。人要面子，必须行为正直勤奋、态度谦慎、内在境界高尚。没有实质内容，“面子”就不存在。那些手段不正、自以为搞“赢”的人，“面子”虽已争来，其实是丢了面子。本人不知，别人心里有数。为保“面子”、“争口气”，许多不理智的事很容易做出来。无非是为心灵上“出气”，求得心理平衡。而他的不理智却伤害了他人。自己心里不平衡，拿别人出气是不道德的，说明出气的人心理不健康。为“风光无限”、为有“面子”，有些实情够不上那个档次、也无那个条件，却装作“高雅”、时尚、有派。这种人常常会弄巧成拙、耐不得持久。暴露时，付出的成本更大。“实事求是”应为人的本分，不行就承认，他人反倒更能谅解。用自己的努力创造条件得来的“面子”是里外都有的“面子”，不去刻意显摆，别人更会对你刮目相看，无意中，面子就来了。为面子“记仇报复”，大都在浅层次人群中。为对方一句伤害过自己的话，伤了面子、气个半天。不出气不能平心头之恨。这是小题大做。为小事，用报复手段，伤害对方、也伤害了自己。人努力一辈子，有抱负、有理想，最后功成名就，是件好事。这是用努力勤奋换来的，犯不着与“出人头地”有关联。别人并没想和你比，你用辛苦换来成功，别人服气，并不嫉妒你，你却在内心认为“出人头地”，这不是自作多情吗？这是好事变了性，有努力就该有回报，将本来的好事用在同他人的“比”上，出人头地，带有贬低别人的嫌疑了，心理不健康。为自己“面子”打压别人，这是品质不优，行为不正。你进步你的，他进步他的，都是各人自己的事，应与他人无关。一方打压另一方，是恶劣的人性变态。

凡事生于心。不讲实质光要表面的人，是心态不平衡的外在表相，就是心想歪了。心未放在“正”的位置上。忠实做人，规矩办事。人立于世，始终以自己本来面目出现是正道。人当然要面子，这个面子还可激发人生斗志。但面子是别人给的，是他人对你的评判，是社会人对你的说辞、评论，不是自己评定。旁观者清。一个人行为举止，自己不易看清，也看不准。个人的行为举止端正，他人定会给你“面子”的。一个人“争面子”、“保面子”，只能从自己内涵实质上下功夫，在表面上硬争硬保，只会适得其反。

人有了优良的品质、深刻的内涵、端正的举止行为，用不着争、用不着保，“面子”自然就有了。人的外表与内涵实质是统一体的两个方面、缺一不可。不要实质内容的面子，有很大的虚伪性。因为它有市场，人们为了虚假的“面子”付出牺牲还不以为然，是将面子看得太重。西方人做得比我们好，两个人为争一件事，双方搏斗后，能马上握手言好。国人将“面子”看得太重的原因有二：一是学习不够，意气办事，不能了解表相和实质的真正关系；二是自身心理不够健康，出风头贪虚荣，不仅面子争不来，弄不好会得不偿失。人应该回到理性上来。平平常常做人，规规矩矩办事，从不提面子的，社会和他人往往会给这种人最大的面子。

幸福不在彼岸

内在不自信的人，总以为朋友、同学、同事和邻居，甚至素不相识的人，都比自己幸福，连孩子都是如此。东西总是别人的好。最好的玩具是别人正在玩的那个，这是模仿欲望；桌上放两块糖，质量相同包装纸不一样，后拿的孩子总判断被先拿走的那块更好。彼岸总是那么美，因为它遥远。人们通常看到其他人外在的东西多。外在的一般更加光鲜。加之，一般人习惯在比较中过日子，用人家的光鲜对比自己不足，更深信彼岸美，彼岸的人幸福。然而，你却从未注意到，彼岸的人也在看你，和你同样思维的他们，以为你比他幸福。因为他们只爱你令人愉快的一面，而不知道你的忧虑。这里，彼岸指的是他人。

好高骛远、盲目乐观的人，常用设想取得“幸福”，用“如果”找“快乐”。如果我当了企业大老板，每天就可吃香喝辣，用名牌，开豪华车，住别墅，日子一定幸福透了；如果中了几百万、上千万大奖，我将周游全世界；如果当初我考上了名牌大学，今天一定西装领带，坐办公室，过着白领族人的生活；如果当年我和某某同学一道去了南方发展，今天也会坐飞机走南闯北、玩转世界；如果我当上了大官，又怎么样怎么样……无限个“如果”，编织着美妙的幻想，连觉都睡不踏实。明知得不到的东西，空想得过高，比没有也不想“如果”的人更失落，甚至带来的痛苦更大。这个世界没有如果。如果是个虚幻的连词，它没有力量，只能聊以抚慰人们受伤的内心而已，它是失败的温柔乡。世界只相信事实，只相信结果。靠“如果”活着的人，通常不愿为自己的失败负责。“如果”也是彼岸，这是虚幻彼岸。

佛家的教义是普度天下众生到达彼岸。但佛教大师们最后都指出，没有真实的彼岸，彼岸就是自己的内心，彼岸即自己。回归内心，才是真正的彼岸，说得太好。

追求快乐，向往幸福是人的本性，无可非议。但追求的路子要对头，方法要得当。世界上，自己是解脱烦恼的主人，自己是创造幸福的动力和源泉。自己有切合实际的理想目标，用兢兢业业、踏实苦干的行动来创造，快乐可以随时遇到，幸福会终将来临。功夫不负有心人，幸福也不负勤劳者。“天道酬勤”就是这个道理。

自己观念上活得自信，但不可好高骛远、盲目乐观。只相信别人，不相信自己，是懦夫表现，要从思维方式上改变自己。世界上，谁没有难言之隐？谁家都有本难念的经。彼岸的人，既有值得羡慕的一面，也必有烦恼的一面。刚看到报纸上马鞍山的一个例子。市街头开着宝马和奔驰的两辆豪华小车，在相互追逐冲撞。后车停下，前车还倒着车来撞……两车残破很大。目击者说，没有一百多万修不好这车。交警赶来制止，原来是一对父子在开豪车“斗气”。不难设想，如此有钱的一对父子，日子应过得很幸福，至少是国人上等的生活标准。为什么还冒如此残酷的风险，干这种害己害人的事呢？用这种办法解恨，说明彼岸人家也有不小的烦恼。

快乐在当下，幸福在自身。生活中满地都是“快乐的芝麻”。一个个小小的乐趣，加起来就是大快乐，这符合高等数学上的快乐微积分。每天寻找一个小乐趣，串起来就是美好的人生。生活中，满地的快乐俯拾皆是，就看你如何发现和享用了。幸福和快乐是一种心情体验，自己眼睛看到的、手摸到的，嘴巴尝到的、耳听到的、心里想到的……只要往乐处倾斜，你的快乐就在内心体验出来。人生享受在过程里，指望目标实现就可带来幸福，是种想当然。即使目标实现，心态不健康，还是不幸福。因为人欲望永无止境，新欲望又将击溃你已实现的目标。新欲望再实现又不容易，你还是痛苦不堪。当今一些年轻人，考上了名牌大学，有了高薪和体面工作；找到了理想对象，组成了幸福的家庭；有的甚至谋上了官位，风光无限……目标达到就一定幸福吗？这些人中，不乏有家庭快速破裂或财产纠纷闹得不可开交的，有的压力大、心烦，甚至成了贪官腐官。人的理想目标实现，是件好事。关键是心态健康，只能在点滴的生活过程中体验着快乐。幸福不单是某个愿望的实现，更是人心灵的纯净和健康。社会上绝大部分的普通人群里，成天乐乐呵呵，用有限的收入经营着自己的小家庭，不也过着幸福快乐的日子吗？

幸福快乐不在彼岸，而在自身，在自己的内心，在日常生活的过程里。人不光活在物质里，更要活在精神世界里。有了后者，幸福和快乐永远属于你。一个精神上自足的人是不会羡慕别人的运气的，尤其不羡慕低能儿的好运气。

人在“自主”和“从众”间的心理选择

人是独立的自我，又是社会中的一分子。人性本体喜欢独立和自由自在。人在社会活动中，趋利避害是本能。但社会和自然对你独立活动的自由度又限制得太多，往往让你身不由己。人们对社会、自然界的认知，获得利益的渠道、活动方式的选择，总是在“自我决定”还是“听从他人”之间艰难选择。人认知能力的有限性、社会自然界各种现象中的复杂性、隐蔽性让人的选择欲望永远达不到百分百满足。可是人的心理追求总想得到利益最大化，正确度最高。某种意义上，选择也是在碰运气。谁都想找到实现欲望的最好运气。面对现实，人们一方面自主独立思考、判断着决策的效果；一方面又寄希望其他人指点迷津。心理上是“自主”还是“从众”，经常左右摇摆着。

通常情况，对社会认知度高、知识经验多、理解分析能力强的人，自主判断所占比例大，对他人意见的依赖度就小些；知识经验少，缺少理解分析能力，对社会认知度低的人，自主判断的比例小，对他人意见的信赖度就大些。当然，社会上多数人意见与自己选择一致，最容易统一，即可实施；若不一致，还得在自己和“从众”间继续摇摆选择。

事物及其发展中的正确答案只有一个。通往正确答案的选择方式却有很多。盲目“从众”，往往会带来很大的恶果。社会上一些人，常在选择方式上扰乱消费者。如别有用心的不法业主，利用各种宣传广告，无限拔高夸大其商品的使用价值，甚至将假医假药品、无效营养品、有毒食品等，推销给消费者。同时还找出一些伪科学论据，在其广告中作支撑铺垫。找名人讲商品使用效果，甚至还找“托”来帮忙……让想购买的消费者十分为难。是信，还是不信？最后许多人选择了“从众”，上当受骗之人太多。谣言重复三遍就是真理。那些反复宣传“卖假”的成了真理，不少消费者放弃了自主的慎重判断，选择“上当”。另一种现象是“人云亦云”，消费者自身无意识传播。有些人“从众”心理特别强，别人说什么好，就是好。反正谁谁都买了，我也买吧！“随大流”的风险最后还得自己承担。万事万物都有个性。同一种物品，在你家适应，未必在别人家适应。对一样的食物，南方人和北方人用后评价就不一样。这种人，上当属于无知，不假思索地放弃了自己的主见。

也有特别相信自己的人，对外界说法一概排斥。这种人过分自信，倒不怎么摇摆。选择时，一味倒向自己。岂知，再能干、再精细之人，也不可能认知通透这个纷繁复杂的现实世界。他的自认为有知，实为无知。万物的世界庞大复杂、变化万千。顶级的科学家，也只能认知世界自然中的最微小一点。这种人，往往不大在乎“吃亏上当”，在“从众”和自主选择中，大都是自己说了算。

有人热衷于社会谣言、小道消息，这种人除了别有用心，就是自己不动脑子、无主见。抛开别有用心的不谈，这些人缺少学习，没有分析判断事物是非的能力也叫无知。无知者最容易传播散布这些不利于社会的谣言和小道消息。虽然本人未必有多少恶意，但对社会已造成危害，客观上起了坏作用。这种人平时要多学习、提高自己。对人群中的一个观点、一种说法，要按社会常理、国家政策分析琢磨，就会得出自己的结论是对是非，是真理还是谣言。“谣言止于智者”就是这个道理。让一颗自主的“心”起到作用，就不会盲目“从众”。

社会在发展前进，新事物层出不穷。人们将会遇到更多新的问题。对这些新问题的认知、参与的选择，如何让选择的正确度高些，就看各自的能耐和水平。提高自身是关键，听取别人意见很重要。向社会做调查、多听取他人意见，这不叫盲目“从众”。在此基础上分析、加工、判断，再形成自己的意见，这是科学的方法。这样做，上当受骗概率就小，成功概率就大。为此，既要“从众”听建议，更要自主判断决策，这才是唯一正确的路子。

人生大智慧——与自己讲和

和自己过不去，同自己较劲，被自己气得够呛……太多的自己给自己找麻烦、带来的伤害例子，举不甚举。人生在世，坎坷难免。人生不如意事十之八九。人生活在社会中，谁都逃脱不了十之八九的烦恼与痛苦。和自己过不去的原因，是生活中欲望太多、实现欲望难造成的。人在有限的需求和无限的欲望中活着，无限往往将有限折磨得痛苦不堪。贪欲是烦恼之首。多数人外表看似独立、温和，内心却起伏不定。有些人总是在与周边的他人、同学、同事、朋友的比较中活着。比别人过得好，心里挺乐；别人比自己强，接受不了。人性的弱点还反应很快。中了二百万元大奖，心里乐开了花。听到邻居中了五百万，那朵乐开的花马上凋谢，从高兴转为不高兴。不熟悉的人群过得好尚可接受，熟人、同事、同学过得比自己好，心里产生不平衡。好胜心强的人，痛苦烦恼更大。这种人性弱点是产生自身烦恼的重要方面。当然天灾人祸、事业不顺、家庭、健康等诸多客观也会带来痛苦。不过这些痛苦烦恼很少是身体劳累引起，也不是别人明目张胆欺负带来，而是自我内心不安躁动引起。恶从心头起，怒从胆边生。烦恼和痛苦都是人心气的不平、心灵不安静而带来的。解铃还得系铃人，既然痛苦烦恼产生于心，就得从改变心态入手。

生活总会遇到难解的结。自己试试正解解、反解解，就会找到一些头绪。换个角度看生活，转个方向看人生，就会光明灿烂。生活中不如意事十之八九，反过来，如意之事就是十之一二，为什么不能多想想生活中的十之一二呢？人生的本质是求得生命本身的舒心愉悦。给生命本身带来快乐舒坦靠精神。物质是满足生存需要、带来肉体的快感的必需，但是短暂的；人的精神放松、精神安定、神态舒展，是人本体的最高享受，是持久的。两个都需要，但更要重视后者。思维方式左右着人的情绪。老揪着以往倒霉的事不放；老惦记人家比咱家过得好，情绪上自然就痛苦永恒。换个思维方式，多想想自己成功的往事、好事。即使一点一滴，精神也会得到些安慰，情绪会由阴转晴。阳光灿烂的人，不会在意别人怎么样，不会老想着自己的失败，而会为自己某一次成功高兴。

舍得和忘记很必要。一辈子围在物质圈子里生活的人是痛苦的，也是可悲的。物质是表象的、有形的，是身外的东西，生不带来、死不带去。精神的东西是自己的、永远的。电灯发明者、火车蒸汽机发明者，人早已离去，但是美国人爱迪生、英国人瓦特的名字还留在人们的记忆中；伟人马克思虽已不在，但其著作中的精神和思想永留人间。对物质之类得到或失去多少，不必太多计较，精神追求不能没有。人一生会经过太多的痛苦事和不多的高兴事，学会将那些痛苦事忘掉，过去的就过去了，不必常挂在心头。让心空一点。心灵空间大了，人会舒坦得多。满肚子痛苦事占据心灵，你还有啥快乐可言？统统扔了，忘了，让其见鬼去吧，心里会豁然开朗。活在当下，过好每一天就是最大的幸福。能否忘记痛苦是获得快乐的重要条件。这就是，记住该记住的，忘记该忘记的；学会改变能改变的，接受不能改变的。人在社会中生存，都在一个接一个的生活“题解中”过着日子。生活中的难题布满你身上。人真的活在饱食终日、无所事事里，也没啥意思，只有不断解难题、破难关、往前走，才有生活的滋味。要学会分类。凡能解开的难题，勇往直前不退让。解决了难题，即是改变了生活的不利一面，创造出新生活中的有利一面。也就是改变能改变的。对那些无法解开的难题，就不要花精力，顺其自然，为自己找个适应的位置就行了，如天灾人祸、战乱……有的人吃喝不愁，想发大财；有了安居，想住别墅；做普通人不习惯，想握有权力……非分之想的人，易走违法路。对无法改变的，要坦然接受。这种心态让你安定。人活得自信，愉快就来了。为此，才能心境平和地过我们平淡如水、琐碎如尘的家常生活，这就是与自己讲和。

人习惯高估自己

社会组织机构里，很少有人认为自己在任职位子上能力不够。有的还会说：比这高的职位我也能干。即便真有能力与职位不相称的人，他只会在客观上找原因，不是上级领导有问题，就是成员同事不配合。这种人不会轻易自己认输的。领导给下属做报告，总爱搜集些得意的词汇，展露自己才华和能力的独特，让别人感觉："我行"！行政官员、事业单位主管、企业总裁，只要主宰一个单位或部门，总会深信属下的"服从性"。权力由我掌控，下面还能怎么着？这是权力支配者对自己的高估。普通在职人员，对自己的估价也不示弱：是领导不给我那个位子，若给我，我肯定干得不差。单位年终考核，人人写一份自我考评材料，无不是将自己好的地方，描述得天花乱坠，缺点一带而过，轻描淡写。学生从学校毕业、印发分配推荐表，投向各用人单位，其中简历和自己评价都拣最好听最光彩的写。开研讨会，人人发表意见。众说纷纭，各抒己见，无不认为自己讲得最有水平、最应该被大会采纳。即使在一个家庭内，生活中各拿意见，谁都认为自己的意见最正确。就连那成群的小孩在一起玩，自尊心、好胜心也无时不显露出来……小道理服从大道理天经地义，但在维护个人尊严上，未必是这样。人性的显现是顽固的，"尊严"这一小道理也敢压敢碰大道理。人天性爱自己，对自己估价过高不足为怪。

个人才能上，社会评价大多低于自我感觉的实际能力。产生差别原因是：自己看自己，自己估价自己，看的是潜能和综合素质。用自己的潜能和综合素质为条件，设想应对某一职务或完成某项任务，推出结论是：不成问题。马路上年轻人穿的汗衫上还写着："我能行。"电视广告上年轻人高喊："没有我完成不了的任务。"这些人用标语口号来振奋自我，用"高估"口号来弥补自己的不自信。社会看一个人，普遍看显而易见的具体成果。运动场上百米赛跑，大家只看谁跑得最快、成绩多少，只考虑这次比赛谁得冠军，不考虑十年前你曾获过的冠军，也不会考虑某运动员有跑第一名的综合素质和潜能。这次临场发挥不好，观众不会谅解。几位领导同时出场讲话，部下听众早就心里有底。谁有水平，谁不怎么样都有数。虽然无一领导认为自己差，但群众心里的评价，与领导自我感觉是不一样的。这就是领导实际水平和他自我评价的误差值。确因能力差，造成失败，尚能认识自己、能解剖自己的也有。但更多的是只讲客观、不轻易认错。

社会只看结果。现实性和唯一性是大家公认的统一标准。落差另一面，即个人和低端的一面，仅依自我评价为依据，将自我综合素质估价为"一国领袖"之才，也无人干预。但这只是单方面的自我认为，这叫固步自封。当社会和大家不认同时，你的自我估价将成为笑柄。有的人在学校素质不差，到社会上就不适应。原因是学校和社会环境不一样。学校是单一以消费为主的地方。学校和老师的认可，只表明你的素质潜能不差，未必是全面认可。社会是自食其力的，求生存，既消费又创造生产力的真实环境。社会与学校差别很大。社会认可了你，你便是真实的才华，是素质和实践统一，创造的结果被认可。自我评价的依据，只是全部"才华”，并非结果，或者说，离结果相差甚远。有人评价自己有“潜能”，潜能是什么？是一点爱好，一点点对自己的误解。一个人真正的潜能，他可能一辈子都不会知道。

人高估自己似乎出于对本人“自尊”的维护。这样认为过于简单。小孩子和一些无意识的人高估自己，不过“吹吹牛”，说过就算，也不值得多评述。但不少人是有意而为之。用高估自己，让社会对自己高看一眼，让领导和他人对自己重视，达到“重用自己”的目的。虽不说别有用心，但心理上就不那么健康、不怎么地道了。有能力有本事的人，不用自己说什么，他的言论和行动，会在实践中自发表现出来。这样的人，不用表白，结果会得到社会承认。“路遥知马力”即说明这一道理。谦慎之人，对自我评价实事求是，他们用忠实的行动、非凡的业绩，证明着自己，这些人最受社会欢迎和认可。

活在“当前”

有人说：人生就三天，昨天、今天和明天。在只能往前、不可退后的人生时刻表上，生命如弓箭发射，开弓就没有回头箭。昨天已成过去，无论昨天发生了什么，开心的、倒霉的、成功的、失败的，皆成往事。后悔或叹息全没有用。人生没有彩排，无法让你试演。人生舞台上，你演出的成功也好、失败也好，都成了你生命里的往事，过去的也就过去了。明天还未到，明天不可预见，未来不可知晓。因为明天不可预见的因素，谁也无法预料得那么准。西方有人计算过：对未来的设想，百分之九十以上兑现不了。即自己可支配未来的变量不大，对外界环境变化，也是无法预测到的。现今高科技发达、宇宙中自然环境变化也不少，不少突如其来的事时常发生。谁能说好将来怎么样？作为个体的人，将精力多用在考虑未来上，意义也不大。因此，在生命的昨天、今天和明天的三个时刻里，前面和后面的两个，自己左右不了，自己只能有权主宰“今天”。今天就是当前、现在、当下、此刻……我们能在当前的时刻里，发挥自己潜质、施展本人技能、舞出人生浪花。当前大有作为，当前无限美妙。当时就是人生的真实战场，当前是人生大舞台。每个当前过得精彩，你的人生就取得了最大成功。

活在当前、活好现在，就是活好在“当下”生活的过程里。

人不是活在某一结果里。人生结果很明确：生下来就注定，结果是死亡。人在生活目标创建确立、实现目标的经营奋斗、目标实现结果三个阶段中，主要活在三个阶段的过程里。愉快和劳累也体验在三个阶段的过程里。不是目标结果实现了，幸福就立刻降临。人不是躺在某个已实现的目标成果上。因为那种僵化的享受，很快让人产生厌倦。搬进新房子，换个新家电，买辆豪华轿车等，带来高兴的热度就那么一阵子。一切拥有了，会产生物质疲劳感。新的欲望又将产生……“循环更替”就是过程。人是活在这更替过程里，才有新鲜感，才能体验生命的意义。一棵树不会因长大后被人砍伐做材料，就不再长。多耕耘，少问收获，多问应该，少问结果，动机比结果重要，过程也比结果重要。这是一种超脱的思维感受。人的快乐产生于不断设想和创造之中，经常变换生活方式，参与社会适合自己的一些活动，这就是体验过程。全家人上饭店吃一次大餐，未必是为了补充身体营养，更是亲人、亲情间的热闹聚会。品尝一道菜肴美味，享受那个过程。小区里，公园里众人跳舞、唱歌、锻炼、打太极，你参加了，体验的集体活动过程，可增强你的生命活力。

每天做自己想做的事。人的快乐来自人性的自由自在。人生未成熟时期，主要精力用在学知识学文化的练习本领上。并在家长老师指导下，在自觉和不自觉两种状态下度过；上班参加工作后，为谋饭碗，成家立业，带有功利性的欲望追求，大都在上司管理、规章制度约束下进行着。退休了，子女又独立，不再受人生前两方面约束，不再为谋生发愁。自己生活空间拓宽，生活自由度更大。这段人生，应是生命中最美好的时段。真正找回了自我，想干什么，能干什么，自主权握在手上。时间充裕，阅历丰富，世事看开，潇洒豁达，是人生最成熟的时期。上公园、外出旅游、看书上网、书画阅读、养花喂鸟……全由自己爱好决定，将生命的自由度发挥极致。这才是体验生命的本质。西方人喜欢“幸福感”民意调查，哪个年龄段幸福最强？结论是：五十五岁以上的健康人群。

活好现在，用感恩的心态看待社会，美的、好的、真的、善的仍是社会主流。当今的人们生活质量、生活条件、生活方便度比几十年前大有改善。这是社会给我们创造的。出门抬头多看阳光灿烂，遍地生辉，精神开朗；若一味低头看垃圾，阴霾便笼罩心头。心态通透看得开，社会就是由“真善美”和“假丑恶”组成。有缺憾、有不完备才叫社会。综观历史、历代社会，什么时候没有缺憾？人心态向好的方面倾斜，感恩之心就来了。

何为丰富人生？就是人生经历，阅历多而丰富。人一生都在舞台上表演。参与生命过程演出场次多，接触了社会的方方面面，品尝了人间的酸甜苦辣，你就是丰富人生。丰富人生不仅是甜，更有酸苦辣的介入，才会让你回味无穷。人生幸福不是前半生，而在后半生。一个前半生幸福，后半生受苦的人，是人生的最大悲哀；前半生受苦，后半生享福，才是一个真正幸福的人。所以看一个人活得好不好，关键看后半生。那些受到惩罚的贪官，前半生日子舒服，后半生坐牢，这是做人的最大失败。活在当下、活好现在，活在过程里。美国著名社会学家、教育家卡耐基名言：“能使自己得到幸福的，唯有自己。”活在当下，喜气安稳。

宽容谁受益

人相处，有利益交往，更有情感互动。情感互动重于利益交往。人们之间物质利益的交往，通常在对等原则下进行，情感互动未必对等。情感互动的双方不需要付出平等，总有一方更多。情感互动范围广阔、内涵深刻，更贴近人的本性。它是人性的展现、人格的碰撞、心灵的沟通。人与社会的交往，实际上是与社会人的交往。人的情感互动，虽无直接功利性，也不直接对等，但情感付出通常是有回报的。情感付出需要有人们的宽容。宽是宽厚，容是容忍。宽容在待人接物的情感中体现出来。人在交往中，如果事事怕吃亏，自己的利益、面子、尊严处处摆在前，对社会对他人，这也不顺眼，那也看不惯，这种人就宽容不出来。不会宽容的人，老是折腾在功利世界里，精神上永远是贫穷的，这种人说话尖酸刻薄。办事以利放在前，处人我是第一。吃一点亏，坚决要讨回，或者非报复一下对方不可……宽容的人，不计较自己得失，能为他人着想。自己吃点亏无所谓，甚至用郑板桥“吃亏是福”的名言来安慰自己。这种人对他人的缺点错误，能够正确对待，别人冒犯了自己也不会特别激动，更无报复之心。宽容的人，不大计较处人处事中的输赢。对社会、国家出现一些不良现象，能坦然接受，正确对待。宽容的人，有一颗博大仁爱之心，能怀抱天下，能容忍别人的不足，容忍他人的缺点错误。宽容的人，社会欢迎，他人尊重。宽容的人碰上心胸狭窄的人，肯定要吃亏，但有气魄和大度胸怀的宽容者，决不会与之计较，只能是一笑了之。这种人不轻易用自己涵养去挑战对方的浅薄。有时也可将后者感化过来。因为宽容的力量强大无比，“不战而屈人之兵”的孙子兵法，往往奏效。宽容者不在乎利益得失、不计前嫌。能用自己强大的心灵力量，顶天立地般活着，他人无法小视。

宽容的人总是对他人让步、妥协，不是吃亏吗？宽容的人不计较吃亏倒巧，处世淡泊，他人更敬重；宽容的人看社会，看他人，总喜欢朝阳光面看。一颗感恩之心，更赢得社会和他人好感；宽容的人不会躺在物质为核心的功利世界里，精细地计较着“公平”“公正”，更能处好人际关系；宽容的人眼光不会专盯在别人缺点错误上，这种感化可促使对方转变……宽容的人，主要是付出，既有物质付出，也有精神付出。还有面子和尊严的付出，归根是爱心的付出。表面上的付出多、回报少，是不是吃亏？宽容的人是不算这个账的。宽容的人还有颗善良之心作支撑。精神上的强者才会宽容，因为他足够富裕。丰富的心灵是幸福的真正源泉。精神的快乐，远高于肉体的快乐。那些唯功利主义者才是世界上最可怜的精神贱民。宽容之心待人，让自己内心获得安慰；吃亏不计较，节省精神上的烦恼；宽容待人，体现内心大度；精神上提高自己等级。别人有困难，伸出援助之手，让自己爱心得以释放。宽容的人不计较物质利益得失，是精神超脱了物质，活在真正的精神心灵里，更加自在轻松。这些收益只有宽容者才可获得。人的精神也有被感化的：一些人困难时获得过帮助，占了对方便宜也未获讨回；欺负了别人，对方不计前嫌，更未报复；别人不计较自己缺点错误，对方仍能公平对待自己……宽容者的诸多行动，常会感化这部分人，让他们认识到，世界上还有待我如此宽厚的人。良心发现、改正错误，这是被帮助之人受益。宽容的人，用心和行为感化帮助了社会上那些为利益斤斤计较之人。落后人减少，社会受益。所以，宽容之心和行为，让本人、被宽容者和社会三方受益。

宽容不是吃亏。宽容是牺牲自己所谓的利益、面子，用尊严唤取、感化他人，让对立面减少。很少有被施恩惠者再去无理纠缠应该感谢的施恩者。宽容让社会和谐，宽容使人互尊互让。宽容的人总是体谅别人、体谅社会。宽容人多了，带动社会风气的好转。宽容不是软弱，是用自己的宽大胸怀，感化社会大众进步。宽容的人，把精神世界摆第一，物质功利放后，真正活在精神世界里。人的高尚在于精神。作为肉体的人，并无高贵之分，人与人内心世界巨大差异在精神，宽容者精神高尚。我们在平时生活中，装点糊涂。对无端小事，看到的当作没有看到，听到的当作没有听到。忍一时风平浪静，退一步海阔天空。老子说过：“天下之至柔，驰骋天下之至坚。”即天下最柔弱的东西，能够驾驭天下最坚硬的东西，以柔克刚。柔弱具有包容性。物如此，人也是这样。人学会弯曲是一种智慧。松树坚韧顽强，重雪压顶能弯曲，在恶劣环境下能逆势独存；小草以柔克刚，在石缝中茁壮成长；有弯曲的盘山大道，人才可登顶山峰。人起跳时屈膝，才有成功的飞跃……狂风吹不断柳丝、齿落而舌长存。人学会弯曲就是一种宽容，宽容的人他人受益，自己更受益。

智慧伴随人生

环境好坏并不是一个人成功与否的必要条件。西方一个五十多岁的老板，将一枚金币用胶水粘到墙上后说："谁取下，金币归谁。"多人试摘取不下来，后胶水销路极好。老板事业成功了。智慧让人在困难时产生转机，生活无聊时带来乐趣。人的智慧是希望和快乐的源泉。生命有限，智慧无限。智慧是人知识经验的积累，是思维认知的技巧发挥，是多种综合素质和能力的体现。单纯的有知识、有经验，不叫智慧；仅有思维敏捷、行为技巧，也不是智慧。智慧是多种综合素质的巧妙运用，有四两拨千斤的巨大功效。古代田忌赛马的故事，用自己的劣马博弈另一方的优马。排阵时，用自己的优、中，对阵另一方的中劣，保证了两场的取胜，赢得比赛。这就是田忌的智慧运用。三国年幼的曹冲称大象，记下大象上船的刻度，再用石块装船达到该刻度，石块的重量就是大象的重量。曹冲的智慧成了历代佳话。人类科学技术发展，新产品层出不穷，人文社会的本质探究，无一不是在智慧运用中完成。个体人生活动一辈子，离不开智慧。智慧帮助人克服和走过一道道生活的坎坷，解开一个又一个生活难题。智慧让人产生新的生活希望，智慧让人心底愉悦。有智慧的人从周围发现快乐；没有智慧的人，希望别人给予快乐。智慧帮助人们在交往中和谐顺畅，让人轻松自在地活在人生里。

智慧靠人知识经验的积累取得，在一次次成功和失败的摔打中得来。智慧靠人敏锐的思维，清醒的头脑，对事物的感悟、洞察，从事物发展的本质内涵上找规律。没有苦练，是得不到智慧的。谁都想有智慧，但总想用较少的付出，换来更多的智慧，这只是幻想。好走的路都是下坡路，付出辛苦与刻苦爬坡才可得来智慧。用大脑的无限思维，从普通事物发生上感悟得来智慧。苹果从树上掉地下，再正常不过。可伟大的科学家牛顿却从中发现地球对苹果的吸引力作用，推广到其他同类现象，发明了著名的“万有引力”公式。智慧的威力就是这么大。

智慧不是耍小聪明，更不是投机取巧。一些人脑子里琢磨一个小点子，办成一件事，不愿付出努力，以为就是智慧，否！更有甚者，社会上网络电信诈骗，窃取他人银行卡密码，取得了别人卡上存款，变成罪犯；一些不法业主，绞尽脑汁，产品中掺和廉价的违禁品；有毒食品进入市场，谋取利润，人民遭殃；毒品犯罪分子用巧妙伪装走私毒品，害人害己；贪官的权钱交易、受贿发财……这些人自以为有“智慧”、用智慧干坏事，是智慧放错了地方。谋私犯罪的“智慧”，大大贬低了真正智慧的光辉。智慧无属性，谁都可以用，用错了地方，就成滋生犯罪的温床。把“投机作恶”当智慧，是颠倒了智慧的是非黑白。

人生要不断增长智慧。一可为国家、为人类社会做贡献，二可让自己潇洒自如地活个痛快。有智慧就有什么。有智慧的人找职业谋生，不用自己找，而是别人找你；有智慧就有钱，可创造财富；人没钱不怕，没智慧就可怕。几百万上千万成亿的财产同智慧比，后者更重要。只要将智慧用对地方，一切都会来的。当然，智慧从刻苦中来，从磨炼中来。不注重知识的积累，光想成就发光不现实。知识智慧给人重量，成就给人光彩，大多数人只看到光彩，却不去称称重量。一个人有了智慧，快乐就围绕你转。一群孩子天天在德西大叔门前嬉闹，老人难以忍受，大声唬吓又无用。一天，老人出来给每个孩子10美分，并说：“你们上这儿很热闹，我年轻了不少。”孩子们高兴，嬉闹还领到钱。第二天大叔照给；第三天每人给5美分，孩子们也还高兴；第四天大叔给每人2美分。孩子们大怒，我们再也不来了……老人的智慧成了德西效应。人有了智慧，从小到老都将活在快乐的天地里。即使遇到困难也不怕，智慧帮助你克服。靠智慧活着，是人生的精彩。

生活中的“他人效应”

人，从来不是孤立的个体。人的情绪随时会受到外界环境影响。而社会群体则是构成环境的重要因素。生活中，当身边有其他人存在时，人们会不自觉地表现出自己的优点，这是放大优秀品质。这样的人还会放大痛苦。大家都在悲伤，他也会受感染。当大家都悲伤时，他不会有胆量放声大笑。究其原因，是集体归属感的一种表现。人类从原始动物演变成人，除有独立思维外，社会的归属感即产生，群体意识增强。语言文化就是在群体交流的需要中发明的。人类最早以部落形成群居，部落就是分不开的群体。现在是以国家、种族为归属，地球上仍保留着少数部落群体的民族。这种自觉的归属，既是生活方式相近，更是情感归属。人归属了群体，常引以为自豪。也会为群体表现出不同于常人的忍耐力。

人归属了群体，生活中的“他人效应”便显露出来。“别人都这样，我也这样。”随大流，任自己失去独立人格的作用；讨论会上，习惯顺从多数人意见。大家都是那么看法，自己还不跟从吗？跟风，更重要是逃避承担责任。这种人无独立见解，对事业缺乏独立责任感，群体影响力很强。有的人特别在意别人对自己的看法，似乎自己活着就是为了适应别人的看法。有人爱拿别人生活模式当作自己样板。单位同事有什么了、邻居家买什么了、同学家房子怎么装修的、家具什么样……总想跟着学。市场上，人云亦云。人家买什么，自己心就动。至于自己需不需要不知道；人家孩子上什么补习班，我们也要上，不按自己孩子特长和条件安排……总之，这些人成天生活在别人的影子里。还有些人，喜欢和别人比较。比较中过日子，常让这些人的情绪颠三倒四。谁都喜欢听别人不幸的故事。反之，“别人好”的消息经常让自己感到不舒服不自然。自己正痛苦，听到说别人更痛苦，自己痛苦立消一半。人性就这样在善善恶恶的变化中展现着。

人生活中的“他人效应”为何如此强烈？因为人是生活在社会里、群体里的人，人都生活在差别之中。人性欲望各方面，都想登顶强者之列。超过了别人，心情的“得意感”油然而生；生活在群体的弱势中，内心不是滋味。实际生活里的争“强势”很难。于是心态上的幸灾乐祸滋生。心态上幸灾乐祸很容易，来得快，也可暂时抹平一下内心的嫉妒之苦。人的心态规律是：总想得到好的。好的得不到，“吃不上葡萄说葡萄酸”心理来了，便希望别人坏下去，坏到与自己差不多，甚至更差最好。自己得好的，希望别人变差，两者都可让自己心理带来平衡。还有的人，十分在意别人对自己的评判，评价好，心内乐滋滋；评价差，心生不乐意。自己是好是坏，寄希望别人评价。活得多累。总之，生活中的“他人效应”无时不在起作用。

人生活在宇宙间，既是独立又是社会群体中一员。而且，人格和生活上的独立，是最重要的。在别人影子里活着，自己还能有多少自主可言？实际上，人以家庭为单位，都在独立自主地生活着。人的自我行为，总认为别人很在意他，实则别人并不怎么在意他，是他的自作多情。生活在群体中的一员，不敢讲真话，跟风随大流，无主见，太委屈自己了；模仿别人生活方式，不能根据实际设计自己，也太可悲；别人对你看法好坏，是他人的事，不必太在意。还不如自己该做什么，不该做什么，走正走直，又怕什么？市场上不要光听别人喊叫，自己要用脑子想。见别人买什么就买什么，自己长着的大脑袋还有何用？这种人的购物风险大多是“跟风”带来的；培养孩子各家有自己路子，孩子特质和环境不一样，照搬照套要吃亏的。人独立性强，“跟风”就少，模仿就少。这种人生活中很少在意他人看法和评价。当然，社会群体，他人生活中有很多科学和合理的生活方式，对此，学习和鉴镜是必要的。但，不可丢了独立自主。人独立，就会更多按自己方式活下去。这种人很少同他人比社会地位，比条件优越，精神丰富的人易独立。人的眼界，从有形的物质移到无形的精神上来，就很少有前面说的那些“比较”。世界上人最富有的不是物质钱财，而是内心精神的愉快和精神境界的高尚。

依附感太强的人，不妨多看些书，多学些知识，让自己变得强大。知识越多的人越独立。丰富的知识，让人耐得住寂寞，任你世界变化万千，我自内心沉静。享受着他人享不到的心灵舒服。这种人是最幸福的，生活中的“他人效应”会淡泊不少。

有形的变和无形的不变

宇宙间，万事万物都在变化，但发生变化的内在规律不变。“万事万物”指有形物质，是实在的物质、物体。事物变化规律是无形的、不可看见的，是超脱于物之上的“道”。古代老子说过“天不变，道亦不变”，这里的“道”，指天、地、人、日、月、星、辰的活动变化规律。宇宙间看得见的物体都在变。但其无形的变化规律不变。人是宇宙间一单个体，他和自然界其他物体一样，也符合这一变与不变的规律。有形的自然界，在人类科学技术高度发展作用下，日新月异，一日千里地往前发展变化；而人的本性，数千年来没什么变化。古代人性和现代人性差别不大。人的肉体有形，数万年来以直立行走、大脑发达、四肢灵活，发展进化明显。而无形的人性，看不出多少变化。古代祖先的刀耕火种，在原始蛮荒的条件下生存着。这只能叫自然生存形式。几千年的科技进步，先进生产生活方式：食品的精细制作、美味佳肴、衣着高档、楼房汽车 、飞机通信……一切都进入“享受型”的生存形式。有形的东西，突飞猛进地发展变化着。而人的本性：趋利避害、善善恶恶、伦理道德、良知怜悯、同情心……数千年来还是那个样子，因为人性是无形的，基本未变。

既然如此，我们就应坚持：为人类改善生存、生活状况的科技，生产力，即自然科学的方面，越发展进步越好。世界上各个国家，都在带领着它的人民干这件事，无可非议。我国的“发展是硬道理”、“中国梦”，都是将有形的事业推向现代化。为了发展，引进国外先进技术、现代生产经营方式，都是为国家富强、人民物质文化的丰富提高，这对人民有好处。但人性的不变，如何用文化引导人素质的提高，存在误区。物质丰富，生活方式现代化，让人肉体获得满足，带来生活舒适。但文化教育，哺育着人们精神。当前，认为先进的国外科技引进，就一定要大量文化引进。因为东西方民族，文化存在着很大差异。文化教育的深层次是无形的，靠文化影响力感染着人性。重要是适应的、对路的才引进。西方适应的，未必在东方适应。文化教育的方式很难说有先进不先进之分。玛雅人生产力科技落后，可文化先进发达，不少古代瑰宝还保存至今。中国有五千年文明，宝贵的文化遗产灿烂辉煌，要区分先进和不先进的。封建社会的糟粕，旧家庭观念，国家旧制度封建等级的君君臣臣、父父子子……都不可取，可用民主平等精神来代替；但古代提倡的“仁爱”、“宽容”、“良心”、“先天下之忧而忧，后天下之乐而乐”、“和为贵”、“尊老爱幼”、“孝敬父母长辈”、“爱家，爱国”、“助朋友”……能变吗？不能。现在市场上表述先进文化实指文化产品。文化和文化产品不是一回事。如电视剧、电影每年出版数量，动漫、传媒手段发展速度、外语熟练程度等文化产品形式的先进不能替代人性道德和素质的提高。甚至用文化产品产值增长多少来暗示精神文明进步多少，这不是同一个概念。提倡平等民主，不是无法无天。在网上看到一条消息：“国内人口太多，削到八亿为好。凡七十岁以上老人先消灭之，有病不给治，让其自灭。”先进的文化却产生出这样思维的人，怎叫进步？反问：若从发文人自己的父母开刀，不知他会带头吗？世界上任何一个国家对待老人的态度，表明该国家的文明程度。古人提倡：“放人一条生路。”法律上除罪大恶极判死刑外，都是通过改造给出路政策。电视上公开那些：“走自己的路，让别人无路可走。”这在宣扬人性的自私。现在不少人对过“国外节”有兴趣，对“洋文化 ”崇拜有加。台湾作家龙应台在文章里写道：“盲目过洋节，崇拜洋文化，好比对着别人家的祖宗牌位磕头烧香。”

生产力科技的快速发展和人性改变、素质提高不存在同步。有形的改变越快越好，越先进越好；而人性不是改变，只能适应。文化产品发展再快，未必对人性提高有多大帮助。人性表现在无名状态、不经意之间。社会上一个无言的行动，或可感染不少人去奉献牺牲，激发人性中的善意；掌权的人能正己，属下必将廉政奉公。必要的语言和形象教育不可少，但要有针对性、适应性。中国文化瑰宝甚多，正确继承发扬，就是最好的适应。针对封建落后的，适当引进一些国外适合国人需要的也可以，但不可丢失中国宝贵的文化主体，根本不能丢，世界任何民族都如此。消灭一个国家不可怕，消灭了一个国家的民族文化，这个国家就彻底灭了。切记，自然科学是发展变化的，人文学科是少有变化的。有形的变和无形的不变。从而找找自己国家民族文化的精华。真正提高国人的素养才是关键。

发达通信工具，拉远情感距离

“快节奏”已成当代人们生活中的普遍现象。尤其中青年人表现更甚。科技发达成了快节奏生活的推手。“快节奏”同时带来了文化的简单化、碎片化、庸俗化……直到人与人之间，亲情朋友之间情感的淡漠、清冷化。电话、手机、网络、信息等现代通信工具出现，人们感情生活质量变得前所未有的简单和浅薄。有人夸他的朋友遍天下，实为期货数字。一大堆“好友”名单，只是利益交往，困难时找谁都无用。那不过是人际关系活跃的假象。有人说给父母亲朋打电话、发信息、网上交流多少次，实际是人与机器、手机、电话、网络发生的依赖和交流。交流时，亲人的眼神、面部表情、内心酸苦一概看不出来，更沟通不出深切的情感来。干巴巴的问候“你好”“保重”，代替不了人体刹那间的情感反应和流露……生活的假象欺骗了自己，欺骗了生活。因为人与人之间关系的相互了解与依赖，是一种符合自然的平行关系、默契关系。眨一眨眼，一个手势，脸上一个动作都会流露出最真实的自然情感。而人与机器（电话、手机、网络）是不平行关系。将人和机器关系，代替人与人直接的面对面、心对心的交流，表面上热热闹闹，实际上把人之间情感拉得更远。

过去人互相写一封信，称“鸿雁传书”，收到家信，等于是喜事到来。人的情感交流不是“短平快”可以解决的。它是一种深层、含蓄、真实的人性交往。且在亲人面前不轻易流露的东西，从一个眼神、一个手势、一个面部变化的表情，会意地传递流露，更是一种幸福的领悟。人的情感付出，成本大，表明情感深。古代是父母在，不远游；朋友间为一“义”字可两肋插刀；儿子给父母写信，开头总是：“父母大人：儿膝下敬禀者……”即儿跪着在给父母写信。父母接到儿子手书，内心高兴劲可想而知。父母的幸福感长存于心。今天打电话、发信息，简单快捷。“你好”、“保重”之话再多，父母体会不到真情实意。报上登的当代有的大学生仅用三个字给父母发信息“父，钱，儿”。这种交流，只让父母哭笑不得，甚感心寒。这些人往往还自夸：我经常和家人联系。实际你在和机器经常联系。机器代转达你的情感表达而已。过去，即使几个月、半年一封信，但那种情感距离，仿佛孩子近在咫尺。今天就是一天一联络，仍是人机交流。父母只听到机器的传达。这样，情感便拉远了。

从人性的情感文化上看，是现代文化的倒退。“短平快”的生活节奏，利益至上的人际关系，人们的虚荣心越来越强。一个含辛茹苦的西部农村老妈，非常不容易地拉扯儿子考上了北京某名牌大学。老妈背着儿子小时爱吃的土特产，上千公里来校看望儿子。儿子用手机电话提前告之：让母亲在校大门外等，不得入校找我。老母在校门前地上坐了三个小时。儿子中午出来见到，冰冷如霜，接过土特产，就让老母自回。看了电视报道，心里为老母难受。文化倒退，把儿子变成这样。这个孩子也是经常用电话手机往家联络，可真的母子一见面，却如此冷酷无情，母子情感距离拉得那么远。现代文化倒退，让人性恶的一面更加显露。进入21世纪的今天，信息化到来，全球化的地球村在网络上真的出现。文化领域一切崇尚简单化、表面化。虚荣心十足，更注重形式，不注重内涵。亲人之间、朋友之间情感是十分内在的东西。人相处是心的相处，人交流是心的交流。年轻人对老人，用多少物质关心，打多少次电话、发多少次信息，都是外在的表象和形式，人情感付出需要诚意和牺牲。困难时，父母自己饿着，省一口最简单食物哺喂孩子。今天的人参虫草再贵，也比不上那时简单食物的情感价值。再多的现代通信工具联络问候，也无法比得上半年一年对父母真切的一次情感抚慰，父母真实的需求，孩子未必知道，比如陪父母说说话，多了解父母的想法。

现代通讯工具确实给人们工作生活交往带来方便，但人类情感是个复杂特殊的领域，只有用心地交流，才可真正拉近情感距离。

日　子

“有一只鸟，从空中飞过。须臾，又返回来。但已不是前面的那只鸟了。”这，就是日子。日子是一去不复返的鸟，也称“匆匆”。你急，日子不急，始终呈同一种姿态，潇洒而宁静。常人一生不过二三万个日子，日子公平地眷顾一切人。高贵也好，低贱也好，都平等地享受着过日子。日子发布谕示：人生没有目的地，人生只是一过程。

日子平淡如水，像房内摆的闹钟。即使外面天翻地覆，家内闹得一塌糊涂，它的指针仍不急不慢均匀地绕过一圈又一圈。所有人都在平淡日子中度过。平淡的日子却让人们舞出了各样不平淡的人生。同样日子里，每个人过得大不一样。有人过得默默无闻、平平淡淡，有人过得眉飞色舞，得意洋洋；还有人过得悲悲切切、痛苦万分；也有的人心急火燎、烦躁不安；更有的人忧虑异常 、心神不定……看似普通的日子，人们在度过它的过程中，差异如此之大。有人会说：“日子，谁还不会过？”或说：“只要有钱，谁还不会过日子？”事实不是那样。有钱的、无钱的人中，过不好日子的，大有人在。生活穷困、疾病天灾的人没过好日子；不少有钱的人家庭破裂、反目成仇，造成悲剧结局，也没过好日子。看来，过日子还真的与钱多少关系不是太大。过日子是门学问，是人的修养，是一种境界，是一种理智和包容，是家庭成员和谐、平淡生活的时光流淌……

过日子就是过宇宙间的昼夜二十四小时。过好日子，就是顺畅快乐地过完人生每一个白天和黑夜。已达到过好日子的人不少，但未过好日子的也很多。带着焦虑和愁肠过日子，心神不安；带着永不满足的欲望过日子，整天在物质圈子里转，定会心神恍惚；带着对社会和他人不满，定会牢骚满腹，心态会愤愤不平；带着饱食终日、无所事事的心态过日子，只能听天由命，不思进取……反之，拥有阳光心态的人，心满意足，感恩世界地过日子，必会觉得日子很甜。心态决定情绪。健康的心态，觉得每天日子都美好幸福。拥有这样心态的人，纵然遇上不如意之事，也能看作是日子里的小插曲，而顺利度过，继续往前走。那些有不健康心态的人，自己日子没过好，还伤害着家人，伤害社会和他人，更伤害自己。佛学大师说过：幸福就是八个字，“能吃好饭，能睡好觉。”心态不健康的人，白天烦恼、吃不下饭，夜晚失眠、睡不着觉。看似简单的八个字，能做好还真不容易。

过好日子要智慧、要心境 、要修养。人生为此打牌，不在于拿一副好牌。即便摸到一手坏牌，也要保持好心态，把它打好。哪怕只有一线希望，也要争取赢的机会。其实人生每一次努力，都在为明天日子埋下伏笔，结果会在今后日子里偿还给你。日子中遇一倒霉事，不要把倒霉的苦黄连掰碎。因为苦的力量强大，不让它丝丝入扣地嵌入我们日子中。下狠心，快速解决。甜日子可掰碎细细品尝，延长快乐的时间。人生焦虑状态经常出现：为就业焦虑，为爱情焦虑，为孩子起跑线焦虑，为钱焦虑，为名、为面子焦虑……似乎人人在焦虑。有这些想法，不为过分。但对照自己现实，想想外在环境，经过努力了，还不能实现的话，就要赶快摆脱焦虑，抛开不愉快。因为，它力所不能及。继续焦虑就是做无用功。这时，不妨看点书，隐退式退却。心地宽了，心灵就安静。想想那些还不如自己的人和事，仍回到平静的日子中来。人生碰到低谷，也要稳定情绪。告诉自己：天塌不下来，没那么严重。不要让过日子的规律被打破。过好日子要心存希望，人靠“希望”才能过好日子。最难的是坚持。少看模糊的远方，从身边一件件实事做起，日子就有滋有味了。

每个人的生命只存在于此刻。此刻也在飞快地消逝。此刻就是当下的日子。一切事情都是那么平常，看似严重、很不得了的事，时间一长，再回头看，原来是那么简单。人是一个拖着躯壳的小小精神。生命是如此渺小，生活地盘只是大地上一个小小角落。一切都微不足道。想开了，就会感恩上苍赐给这每天的日子。不好好过，对不起上苍，对不起自己。小孩子什么都不懂，很快乐；什么都看开了的老人，也快乐；一知半解的中间人却非常郁闷。看来，人的心态改变才是过好日子的关键。瑞典有句格言：“我们都老得太快，却聪明得太迟。”日子从容，它不会因为你跑它也跑，你停它也停，你飞它也飞。日子是永恒的流动，都是一种姿态潇洒而宁静。倏然之间，日子会让世界盛衰荣辱，俱成过眼烟云。日子最小，又最大；最浅，又最深；最轻，又最重；最浩浩荡荡，又最不动声色。

人生只是一个过程，为什么不活得从容一点呢！

得到的越多，满足感越少

物质上，人需要的有限，想得到的无限。人生一辈子，日食不过三餐，夜眠不过六尺。衣食住行不要多少钱。吃得下，睡得香，才是重要的。但人想得到的多多益善，“多”为最好，但对“多”的极限又是多少，无人能说清。这种无休止的欲望，却把人带进烦恼重累的深渊。哲学家叔本华说：“欲望不满足就痛苦，满足就无聊。人生如同钟摆在痛苦和无聊之间摆动。”人终生为欲望奋斗，付出巨大的身心代价。甚至为欲望压力，提前结束了自己生命。不少人到老时方发现：原来一生奋斗得到的，是些带不走的身外之物。

人的满足感大小是幸福体验的标准之一。满足感大的人，幸福快乐感体验多；反之，体验就少。一包糖，小孩得到几块就心满意足，孩子只要现在有的吃，即快乐无比，并不考虑明天后天是否再拥有。这种不预知今后是否再有，是小孩子产生满足快乐感的重要原因。成人喜欢预支，算计今后得不到的痛苦，影响了对今天已拥有享受的快乐。大人预支痛苦，没有小孩子过得快乐。

人肉体的满足感，同心情快乐感息息相通。今天城市孩子好口味的食品都尝过，再问他什么最好吃，已难回答出来。究其原因：甜水里泡大的，远不如苦生苦长的孩子满足感强。苦孩子从小到大获得的物质不多、品种少、质量一般。物质少，孩子饥饿时才能得到食物；品种少，孩子见到的就那几样；质量一般，多为原汁原味的产品。甜水里泡大的孩子，市场上眼花缭乱的食品都见过、吃过。农村孩子吃鸡蛋只知道其自然香味，城里孩子吃着蛋糕、蛋挞、蛋卷……松脆香甜，味道确实比鸡蛋美。把食品味做到极端，再回头吃鸡蛋，已没什么味。凡把食品味尝到极端的人，再回头吃原味东西，就是下架，就是倒退，就是没味。反过来，吃粗茶淡饭的人，满足感潜力大，那么多好吃食品在未来，一步一进展，每次都感到美味……是有很大的满足感潜力。甜水里的人，什么都见过尝过，满足感已用完或很小，除非商业市场上再变换花样来吸引。苦孩子穿衣以不冻着为最大满足，换件新的有锦上添花之感。甜水里孩子各式各样衣服都穿过，只有用“名牌”来追求虚弱的自信。房子、车子、用具，无不如此。人们每天住五星宾馆，未必不腻；长住城市闹区，想到郊区原野走走……城里小孩有各式玩具未必有农村小孩捏泥巴高兴。循序渐进地拥有，幸福拥有；一下子什么都有，就无多少幸福满足感。一次问十来岁孙子申坤：“什么最好吃？”他回答：“人饿的时候，东西最好吃。”这个回答怪有境界，估计是大人教的。人饿时，吃嘛嘛香。香的是满足后的快乐感。《圣经》上说：“饥饿的人有福了”，因为只有饥饿才能够获得饱食后的快乐。到“无”的时候，得到物质的快乐感最大。因为短缺，所以幸福。饥饿时吃个馒头最香；困时倒在沙发上就睡得着；人要学会点短缺时带来满足的快乐感；用劳累可换来休息的快乐满足。

人不可顺着欲望的台阶层层加码，无休止地索取。物质越多越好的心理，必将被满足快乐感“全无”所取代。生活的起跑线高，未必有快乐，起跑线高，逼得你再无限追求下去……实际上，永远得不到满足。这就是边际效应的递减规律。物质起跑线低的人，就会得到一点，满足一点。满足感大而持久。

人生可以摆脱欲望追求来增加满足感。智者喜欢做慈善，分散点物质给底层人。慈善带来快乐。自己的东西给别人享受，比自己享受更快乐。尤其是雪中送炭，自己心灵上宽慰，精神满足感随之而来。物质与精神互通。物质不多，精神富有，幸福度就增加；精神空虚，物质再多，心灵还是贫穷，无满足感可言。人的自身修炼、感恩社会、帮助他人、多学知识、增长智慧，可提高心灵纯度。人应是物质上简单，精神上富有。无限追求精神富有、意义是持久的。这是超越自己，还要超越当下。人生经历磨难后，得到的幸福感最强。知足让人快乐，不管你有多少资产，人生需要都是有限的。温饱线以下的人，物质决定幸福；温饱线以上的人，精神决定幸福。这个度把握了，人就永远少痛苦。

守住寂寞

人从出生到死亡都是个人行为。人进入社会，被万事万物捆绑。人与他人和社会相互依赖、相互联系，成了你我挣不开的绳索，成为逃脱不了的捆绑人生。现实中的所谓机遇、运气、宿命……全都是“一揽子买卖”。接受任何东西，都不会让你“光挑好的、舍去坏的”，否则，要么好坏全要，要么全不要。老天爷给你白天，必送黑夜，给你十全十美，必送无穷遗憾。少儿时代无多少忧虑烦恼，一旦长大进入社会，忧虑烦恼就跟着来了。因为复杂的社会捆绑，是产生忧虑烦恼的根源。进入社会的人不再是单纯的人，一个人必牵扯家庭社会上一大串人；一个人会想着社会中的万事万物。身处串珠中的人，看到气象万千、眼花缭乱的大千世界，对比自己处在的位置，忧虑和烦心让你心不动都很难。不少人会感到，失去他人就惶惑不安，顺其自然地受捆绑。衣食住行永无宁日地复杂，人际关系日复一日地纠缠。头脑变大，四肢越来越退化，健康丧失，心灵蒙尘。社会的永不平等，让你躁动、焦虑。累身又累心。在躁动喧嚣的时代，人们就像住在一个闹腾腾的房子里，人人都在放开喉咙喊叫……这是，每个人都要说话，但都没有人想听的时代。人们急于表态，渴望成功，趁早出名、赚钱、晋升、买房、买车……躁动产生火气，违背理性的极端事件发生率就高。现在的缄默，比说话更不容易。

守住"寂寞"可减少累心伤神。复杂的人，简单的心，才是轻松的。社会中的人，都包括与他人不同的内涵与外延。内涵如相貌、身高、健康程度、智力高低等；外延是身外之物，包括社会关系、名誉、地位等。很难说哪种人是最完美的，即使他有良好的内涵和外延。因为人生有很多不确定的偶然性，说不定某天倒霉事就来了；必然性却不一定很多，有钱、有名、有地位的人，不一定都幸福。每个人后天发展靠自己。生活、工作、处人处事再复杂也能一一应对，井然处理。只要心态放简单一点，就是累身不累心。守住"寂寞"就是怀一颗自由自在的心。在天做飞燕，落枝成麻雀。收放自如、高下皆宜。既自强坦荡，又自在逍遥。在平淡生活中，工作、走路、做家务、逛街……一切都像"弄着玩"去做，让生活有点艺术化，不是被迫去做，而是自愿去干。凡自愿去干的事，就不存在勉强、烦恼，而是乐意地干。发自内心自愿，你就不觉得痛苦了。

守住寂寞，不求深刻，只求简单。境由心造。一念之间可以一花一世界，一沙一天堂。人的群体性是造成人们复杂生活的原因。人们明知，人生来是个体，死去是个体。却不去探索自己本身的价值，而过分看重他人在自己生命里的参与。在这个时代里，我们不再自然，难找心灵的舒服。活出自己吧！避开烦琐的交往和别人对我们的评论。别人的嘴巴，自己的道路。一群青蛙爬铁塔比赛，大多数青蛙边爬边议论纷纷："这太难了，我们绝对爬不到顶的""顶太高了，我们不可能成功"……听后，不少青蛙放弃不爬了。大家还在继续说："这太难了，没有谁能爬上塔顶的。"议论最后，只有一只蛙爬上了顶，因为它是个聋子。避开无事时过分热络的联谊，少些负担和承诺。不过多缅怀往事，因为来时的路不可回头。只要不妨碍他人和社会，多做自己喜欢的事。只求简单，不求复杂，心就不累了。

守住寂寞，让个人宁静。在自己的精神里找乐趣。首先，读书的人寂寞而不孤独。书中的描述可激活大脑，联想到生活中的体验，妙趣横生。这是看电视、玩游戏机找不到的感觉。美国心理学家加布里埃尔研究发现：读书可满足人的归属感，让你融入社会圈子，感到不孤独。英国苏塞克斯大学研究发现：每天阅读六分钟，可减少三分之二以上压力。效果比听音乐、散步还好。因为阅读时精力集中，缓解肌肉紧张、降低心律。读书可增加人的信仰，尤其思想信仰。有信仰的人是独立思考者，不盲目从众。信仰属意识形态，庄严而神圣。思想信仰对唯物、唯心、有神、无神、理论学说等哲学层面有独到见解。信仰是人最强烈的情感，圣洁而崇高，它是七分感性、三分理性，人有了信仰会甘愿为它奋斗终生。信仰是生命动力来源，永恒的价值追求。信仰确立与其世界观、人生观、价值观相联系。信仰是三观的主宰。净化精神靠信仰。还可用多种爱好熏陶自己。体育锻炼、旅游、书法绘画、音乐、种花养鸟……扩大自己内心空间。这种“寂寞”守住了，情感丰富，内心精神力量巨大，就不会成为一个世俗中人了。寂寞不一定到深山大泽里寻求，只要内心清静，即便身处闹市，也可感到一份空灵、一份悠逸。只有真正耐得住寂寞，才可有深刻的感悟。

把握分寸和中庸之道

俗话说："酒饮半酣正好，花开半吐最妍。"世事、做人，把握住分寸为最好，但也最难。不偏于一方叫做"中"，不改变常规叫"庸"。办事做人把握好分寸，就是能坚持"中庸之道"。中庸之道不是正中间，不是五五开，而是恰到好处、最佳火候、最佳位置。自然界中的黄金分割线是在十位数的三与七之间。中庸之道只对社会、自然界、人文、世事，不对具体科研或单项测评。学生考试不是50分比满分好，科学实验标准精度越高越好。月满则亏，水满则溢。事物走到极端，必向反面转化。宇宙间无绝对真理，真理都是相对的。说明人办事、处人、说话都要把握分寸。人性接受度以中庸最好。把握分寸、做到中庸是既不过分，也无不足，一切平常。人能做到中庸很难：聪明人办事时，易超过它的界限；愚笨的人办事时，又达不到它的界限。这正像人们没有谁不吃不喝，但很少有人能品尝其中的滋味。人性最大弱点是喜欢走向极端。什么都希望"完满"；办事要"彻底"；标准爱选"最高"、"最大"、"最好"、"最快"；说话容易绝对，"一定"、"必须"、"坚决"……对事物和人的看法，不是好就是坏，不是强就是弱。甚至，某一方面好就全面好，某一方面差就全面差，走向片面……这样处人处事，不符合事物发展本质，也不适合人之间相处交往。

人肉体来源很明确，精神来源是神秘的。精神不同，才造成人与人巨大差异。人的精神在宇宙过程中只有极短暂的存在，它也不可能没有来源，需要探究，但很难。人的不同精神差异，即人性的差异，形成各自人性既有相同一面，又有差异一面。喜欢“极端”、“过及”、“完满”，或“胆小怕事”、“不敢越雷池”、“做事不到位”等，都是人性中的普遍现象。

人性的“过犹”和“不及”，使多数人无法在办事处人说话时，合理地把握分寸。使事物发展不是走过了头，就是达不到标准。人际间相处，不是中伤了人，就是软弱退让，丧失原则。不愿意别人强加给自己的行为，往往又自觉不自觉地强加给了别人。道不远人。人的行为，无不与自己做人道德规范有关。君子求道方法：走远路，从近处起步；登高山，从低处启程。根据自己条件，脚踏实地行事，就是中庸。中庸不是虚伪，而是诚实。在别人看不见的地方，也要严格要求自己。官场上，国家给的俸禄就是适合的待遇，就是应得的分寸，即中庸。若越过分寸，贪污受贿，另图财物，就会变成贪官，就是过及。能把握分寸的官员，高居上位，不欺凌处于下位的人；居于下位，不高攀处于上位的人。这时，迎奉拍马行贿就是多余的。社会上，见别人超过自己，陡生不义谋财之道。诈骗、抢劫、偷盗，这种人就是“过及”。按自身条件和所处环境行事，就是分寸。中庸之道，越过这一界限就会走向犯罪。宇宙自然环境，本是适合人类生存。这就是大自然给人类的分寸，符合中庸之道。人为破坏这一环境，随意砍伐森林，无度消耗能源，工业随意排放污染河流山川大地……人类受害，这就是“过及”，不守中庸。不法业主制造有毒商品，危害民众，最终也害了自己。本分就是分寸，就是中庸。人们说话也易走“极端”，“绝对”的话往往伤人不浅，不能把握说话的分寸，就是未守中庸之道。还有一类人，好高骛远。理想高，行动矮，再好的志愿也是可望而不可即。理想难实现，自己痛苦，这都是分寸未把握好带来的。有的人不求上进，怕这怕那，碰上机遇也把握不住，这是“不及”。人生就是在机遇选择和行为分寸把握中度过。“分寸”客观存在，但往往看不见。它是最佳火候的把握。道不远人，中庸之道就在你身上。你未发现，没有把握好，走上“极端”或“不及”，都能带来巨大的损失。

事情做过了头，就要谨防后面的危险了。烧得最旺的炉子，终究是最先熄灭的。人生求福避祸是本性要求。人一辈子都在福与祸之间摆动。但“福兮祸所伏，祸兮福所倚”。好事来了，淡然处之，不必狂喜，想想忧患；祸来了，坦然应对，躲过一切，也许福又离你不远了。这就是平平淡淡，永处中庸之道，就不会大喜大悲。杭州灵隐寺有副对联：“人生哪能多如意，万事只求半称心。”中庸之道就是以诚实为本。《诗经》上说：“看你独自在室中，心地光明应无愧。”还说：当官的“默默无扭作祈祷，今时不在有争执”。上面行得正，做得直，即使不对下面物质赏赐，百姓也会受到鼓励；你不用发怒训斥，百姓就比看到刑戮还要畏惧。为此，人们要对分寸把握周到。中庸之路很难走准，但这是做人之道。

人生智慧不要被商业精神取代

用商业精神取代人生智慧，结果使人生成了一种企业，把人际关系变成一个市场。一个人在衡量任何事物时，看中的是他们在自己生活中的意义，而不是他们在市场上能卖多少钱。正确的生活态度才是人性的纯真和本然。人在父母数亿个机会中才偶然诞生出自己的生命。活出生命意义，才是人的真实要求。人性崇尚自由、率真、童趣。不做作，不掩盖，不被社会世俗拖累。人要活得自在洒脱，物质领域需求是有限且狭窄的，而精神领域享受的疆域无比宽广。给人带来愉快幸福渠道，物质满足只是小部分，精神才是更大更广更高层面上的源泉。虽然现代享受的花样愈来愈多了，但人间最甜美的享受始终是那些古老的享受。如儿孙在爷爷奶奶面前的一次撒娇，一个微笑；夫妻间神秘的爱情和孕育；帮助他人解困后，自我人性意义的提升和满足；回故乡故土，亲人相见的喜悦；外出旅游眼界拓宽心情舒畅放飞的自豪；能弹出一手得意的曲子；写出一手好书法，画出一张满意的画；写出的文章被认可；自己能掌控自己，想干什么就干什么……这些带来精神层面的愉快感强烈持久。比吃一次大餐，开一辆豪车，住上别墅的短暂满足，层次高多了。这也印证了西方心理学家马斯洛关于人生五个需求层次：最低是生理的物质、安全需求，依次往高是感情、尊重和自我实现的需求。后三项正是精神的需求和满足。它是丰富和宽广的。

精神需求的满足，靠人生智慧。人生智慧是创造精神幸福的强大动力。人通过学习掌握很多知识；通过感悟认清万事万物本质特征；通过体验欣赏大自然无穷美景；通过感恩社会，认知天下人的热情善良、世界社会的美好；通过辩证思考，化解人生十之八九的不如意事……始终让自己生活在快乐愉悦的层面。这样，你就拥有另外的人生，幸福的人生。

现代化发展带来物质丰富，享受的东西越来越多。意志薄弱者，经不住诱惑。他把人性自我本原的东西丢个精光。一切讲现实，人之间利益链条环环紧扣。未办事先问“好处”，然后按利益大小交换办事。至于该事是对是错、正义非正义都不管。原则被利益交换代替。将“市场经济”搬入人际交往。资本主义的市场经济不是万能，它可刺激物质增长，但负面对人的私欲、利己膨胀也起着推波助澜的作用。一些人为谋物质，丢掉良心、丢掉怜悯与善良，丢掉人情味……丢掉了人的精神，甚至道德沦丧。市场经济模式虽不能与负面影响直接画等号，但对意志薄弱者或丢失人生智慧的人就是如此。商品等价交换公式演变成人格等价交换，人格被商品化了，就无精神可言。有思想识别能力者，尚可看清，并不被熏染，而不少人易被商品“炮弹”打中，一切只生活在物质利益的现实里。

商业化的人格，人追求物欲成终生嗜好。于是，悲剧来了。萧伯纳说：“人生有两大悲剧，一是没有得到你心爱的东西，另一是得到了你心爱的东西。”即人的占有欲未得到满足和已得到满足又无聊的双重悲剧。物欲引诱下，得不到痛苦，得到了无聊，更新的诱惑又带来痛苦，陷入无限恶性循环之中。人若不从物欲层面解脱，将痛苦永恒。

人所需要的有限物质备齐后，投入精神层面、快乐无比。俄罗斯文学家托尔斯泰说：“随着年岁增长，我们的生命越来越精神化了，不要理解为衰老的象征，唯有强大的生命，才能逐步朝精神化方向发展。”戏剧大师莎士比亚对世界张扬和喧嚣的生命嘲讽说：“充满了声音和狂热，里面空无一物。”一个越珍视心灵生活的人，他就越发现外部的世界有限，且能以从容的态度面对。相反，对于没有内在生活的人来说，外部世界就是一切。如信仰就是对内在生活的无比看中。不当物质欲望的奴隶，保持精神上的自由。胸中有黄金的人，是不需要住在黄金屋顶下面的。一个追求精神层面的人，必定是淡然于物质奢华的。

人生智慧不要被商业精神所取代。

人“心理暗示”的作用

“心理暗示”带有人的信仰倾向。每个人的心灵最深处都有一种最崇拜、最信赖的心理认定现象，通常称“心理暗示”。从心理学角度讲，即通过个人的语言、形象、想象等方式，对自身施加影响的过程。这种自我暗示，常常在不知不觉中对自己的意志，以至生理状态产生影响。它是日常生活中特殊的心理现象。俄国生物学家巴甫洛夫认为：暗示是最简单最典型的条件反射。但这种条件反射对人影响很大。小孩看到大人吃食物的动作，便产生吃的欲望；小孩怕打针，看到穿白大褂人就啼哭；一个人敢站立在桌面上，但不敢站在和桌面同样大小的万丈深渊上面、山涧之间；国外有一监狱对一死刑犯人说：不枪毙你，让你割腕流血自杀。于是狱医蒙住该犯人眼睛，用针划一下该犯人手腕，同时下面放一水盆，让犯人听到滴管里水滴进水盆的声音。几十分钟后，犯人死亡。其实，划手腕并未让出血，水盆声音只是水慢慢滴进的声音。犯人以为是自己血不断滴尽，自发休克死亡。可见“心理暗示”作用多么强大。“心理暗示”存在于人的心理活动中。有人迷信了某名牌商品，即使同其他商品质量一样，价低也不会被认可；消费过上当的商品，整改得再好，也不想碰它。有人早上照镜子，脸色不太好看便怀疑自己得了什么病，一天觉得全身无力；也有的人早起看到自己脸色不太好，想想是否未睡好觉，到外面活动活动，做操练拳……精神振作起来就好了。两种不同的自我暗示，两种结果。

心理暗示分“自暗示”和“他暗示”。“自暗示”是来自本身心理上的暗示，对某种现象或事物的自我迷恋或猜测。如身体稍有不适，就觉得身体某器官出了毛病；有的人早上眼皮跳，就猜疑今天有祸事来；早上碰到不如意事，即火气冲天，甚至说“碰上鬼了，今天一定不顺”……心情不顺，压力随之而来。自己给自己找烦恼，这就是“自暗示”。“他暗示”指个人与外界交往时，发生的心理作用。有人看了电视“养生堂”节目，医生讲人体某些部位出现信号与疾病的对应关系，便立即与自己身上对号，认定自己也有此病。历史上“望梅止渴”故事，曹操率大军在天气炎热干燥时行军，士兵疲劳、干渴、士气低落。曹操说了句：“前面有梅林”，士兵听后，精神大振、口生唾液。士气马上鼓了起来。这些都是“他暗示”。这两种暗示，是产生心理作用的诱因。知识经验缺乏、独立思考能力弱的人，很容易受此两种诱因主导；反之，知识经验丰富，独立思考能力强，就不太容易受此两种诱因影响。

从“心理暗示”对人的作用力看，可分“积极暗示”和“消极暗示”。“积极暗示”指心态总往好的、顺的方面想，对自己的暗示目标信心十足。心理上做出“会成功”的预想。这种心理作用又会支配行动，心理和行为重合一致，往往结果真的成功。头痛的病人找大夫，医生检查后认为：没什么大毛病。给两片“止痛胶囊”服下，并说这是“特效”药，病人相信。十几分钟后，患者说不痛了。其实胶囊里装的是无任何药效的淀粉。历史上楚汉相争，刘邦下属大将韩信率四万人马攻打十二万人马的对方，实力悬殊。韩信让自己人马渡过颍河，并速将河上大桥斩断，断了将士逃回的念头，只有向前进攻拼杀，一鼓作气，打败了比自己实力强的对手。古代战场上的“哀兵必胜”理论，也是心理暗示在起作用。以上都是“积极暗示”。“消极暗示”指心理上接收否定的暗示后，总往坏处想。未行动前，先丧失信心。不健康的心理暗示必带来无力的行动。老想着祸事来临，往往祸事真的就来了。恶劣的心境，影响着人的生活和健康。出门走路某处受过惊吓，此后出门宁可绕道，也不想重走那个地方，即使安全了也不行。一次被蛇咬，十年怕井绳。有人怀疑自己得了绝症，吓得要命，半个月体重减了十多斤。后经医院检查排除，才慢慢恢复。这些都是消极暗示的作用力。

医学上自我暗示疗法是法国医师库埃于1920年首创。他有一句名言：“我每天在各方面都变得越来越好。”他让病人不断重复这句话。目的是调动人潜在因素，有个好心情，发挥积极的主观能动性。美奥尔良施纳诊所统计，在求诊入院病人中，因情绪不好而致病者占76%。有句真言：情主健康沉浮。凡事多往好处想，自然就能战胜疾病，战胜一切烦恼。

自我做主是每个人的希望。鲁迅作品中的阿Q总得胜，来源于“精神胜利法”；酸葡萄理论，让得不到葡萄的狐狸维护了尊严，保持了自我做主。能自我做主，便可多产生积极的“心理暗示”。由于人情感的不对称性，积极情绪比消极情绪的强度弱，且持续时间短。快乐、幸福迷醉人的感觉很短时间内会乏味苍白。即便引起愉快感觉的环境一直存在，但这种感觉也很容易消散。正如每天住五星级酒店的人定会感到无趣；天天吃大餐必乏味。消极情绪一般会伴随环境持续存在。自我做主就是依靠自己智慧和经验，多创新，多尝试新的生活方式。不断用积极的心理暗示去迎接新的生活，人生将减少烦恼，许多胜算的概率将会增大，“破罐子破摔”效应将减少。

个人容貌与真实价值

现代整容把一张脸变成另一张脸，但新脸皮下面还是那个旧人。过分追逐容貌不如追求自己的真实价值。对一个人美的判断，倪萍《姥姥语录》中记录着大字不识的农村老太太说过的话：人读了书就美了，读得越多越美。说得真好。人的知识、经验、智慧、气质、胸怀、风度能让人变得更美。这种美长期不变，是人的真实价值。人的外貌只是时间的凝固。只要把本人儿时、青年、中年、老年不同时期照片一翻，定会发现：容貌的下坡路走得太快。相貌随时间拉长而变化。人生易老、红颜难久。一味追求容貌，不过是很在乎相貌方面的虚荣心而已。镜子代表着别人的眼光，人自己看不见自己，唯通过镜子，说明整容者特别关注别人对自己的观感。活在别人的眼光里，你还有什么自身的洒脱和自在？更别说什么乐趣可言。人的外貌与自己的真实价值往往差距甚远。外貌是父母遗传基因的结果，爱美是人之本性。人的自然美最可爱。人的自然美除凝固的长相外，还兼有本身的动作和散发出来的心灵气质、谈吐的智慧和优雅。人们欣赏的是这种本真和自然的美。与故意做作的“美”反差很大。人美重要是外表和内在的统一美。人的外表美有时限性，且时间短暂；人的内在美时间持久。一个人终生追求持久美才是正道。内在美要做到人的内在丰富。内在丰富就是人的内涵富有，人的知识、经验、智慧、胸怀、气质、风度等。加强这方面的丰富和提高，才是真正的美的追求。

相貌是人凝固的表情，表情是人瞬间的相貌。真实的人群中，脸上都带着病相。这个人脸上有愁苦，那个人脸上有焦虑；有人脸上有愤怒，有人脸上有忧愁；也有人脸上有嫉妒……这些诸多的表情都变成了人的相貌。当然，心情开朗、整天面带笑容的人也多，不过这些达观愉悦、和蔼开怀的人大都在孩子和一些老人当中。人群中，面色淡然自若者也不乏大有人在，这类人通常属于性格开朗和少忧少虑者。后两种人才是真正美的人。人的面部表情往往都随环境和心态的改变而改变，都是暂时凝固的相貌，一种瞬间的表象。正如：凡是照片上的相貌都是当时最好的相貌。相机一关，又回到真实的自我相貌中了。这就是人的表象无常。有常的是内在丰富的人。人有了丰富的内涵，一般表象变化就小。即使老了，也仍是慈眉善目，一副慈祥可亲的相貌。造成病相的原因是那颗“心”，是人的精神。“明心见性”，人的心原来不明，自不见性。通过丰富自己，修炼提高自己，心明了，自见性。人就美了。

人的真实价值是持久的。历史上儒家始祖孔子，面貌较丑。但他创造的儒家历史文化，却永远光照人间。几千年后仍为中外广大民众接受。仅世界各国孔子学院就有一两百所。英国天文物理学家斯蒂芬·霍金，长年坐在轮椅上，面貌奇特歪邪。但他对当今天文学探究和理论贡献巨大，无人能超越他。美国总统杜鲁门，是从小患小儿麻痹症的残疾人，可他当总统的成就与贡献，获得了美国人的肯定和赞誉。不能说这些人不美，若从外貌上去评价，他们可就惨了。这就是真实的美。人的相貌之美，短暂而无常。本真的儿童是最美的。历经沧桑的成年人，随时被命运击打着外貌。

春秋战国时，楚国叛逃大将伍子胥，过昭关时一夜急成白发。当今，卸了妆的舞台演员，往往比正常人面色更难看。无情的监狱生活，几周内就将那些衣冠楚楚、神气十足的贪官们变得憔悴不堪……那些饱含智慧、真才实学的专家学者，即使到九十、一百岁，还是那样风度翩翩、慈祥可亲。农村善良的老农、老妇，风霜一辈子，老了还是那样可爱可亲……那才是真实的美。

其实，容貌和心态是统一的。相由心生，内心想着美，容貌就美；内心有恶，就阴暗。心态还决定着人的精神面貌。心态正，内涵丰富、道德高尚，人就自然美了。人生要多读书、多实践，多为他人着想。用博大的胸怀包容、感恩宇宙、自然和社会。顺其自然而有情趣地生活着，提升自己的真实价值，这才是真正的美。

人生什么最宝贵

人类是无休止地活在一个无始无终的世界上。人易产生无聊感。人是唯一能追问自身存在意义的动物。平淡生活之中，人们习惯问："人生什么最宝贵"这类泛而又泛的问题。细细琢磨，还真不好回答。通常人会用"财富、名望、高官、厚禄、健康、幸福家庭……"之类来回答。真正想来，这类答案并未回答到事物的本质上。其实，维持和繁衍生命是人的动物属性，寻求生命的意义则是人的神性，即人生命存在的意义和本质。前者答案可满足和维持人生存、繁衍生命的各个层次需要，但只是在人的动物层面。真正寻求人生命意义的在精神层面。生命意义才是人的本质。这样看，人生感觉最宝贵的有两条：得不到的东西最宝贵；失去的东西最宝贵。得不到的恰是人最想要的，大都是人最需求的。人生立志、理想、希望都想要那个"得不到"的东西或目标。人们为此奋斗拼搏终生。因为"得不到"而想"得到"，折磨着人生一辈子。可见"得不到"的吸引力和其"宝贵"程度。另一是得到后又失去。人生很怪，得到的东西在手里时间长了，就觉得无所谓，甚至乏味、平常。即使得到的再好、再珍贵、再奇特，随着时间流淌，也就那么回事，变得习以为常、平淡无味。新鲜感、好奇感、宝贵程度逐渐淡化，最后归于平常……如有人得到了豪车、别墅，满意家庭、权势、金钱、健康……随着较长时间的拥有，便不在乎、无所谓。同平常人拥有的简单物品一样，心情不再激动。刚得到时的自豪感已荡然无存。但若真的失去，心情又会突变。舍不得、后悔、可惜……失去的难受感觉强烈。这时，认为失去的是最珍贵的。确实，这两种感觉都是真实的。

“得不到”，可望而不可即，可想而不可待。“得不到”的诱惑力让人垂涎三尺。“人往高处走，水往低处流”。那个“高处”正是“得不到”的地方。大都这一“得不到”是在有形的物质层面上。人们崇拜它、向往它、追求它，主要是生理需求。肚子饿了，得到什么食品吃起来都香，那种满足感和快乐感比整日吃豪华宴席的感觉强烈得多。天寒地冻，普通人得一件保暖棉衣，比富人穿什么高贵皮毛的感觉都舒坦。穷人遮风避雨，得到一间不漏屋很满足，不比阔人天天住在别墅里的快乐感觉差。所以，人生首要需求是生存需求，想得到，无可厚非，完全必要。即使为改变生存条件，想得到较高层次的物质条件，也属正常。所以，“得不到”的宝贵在这一层次，有它的合理性。此外，人们追求精神层面、高层次、高境界，这更有人生意义。人生为合理需要而追求“得不到”，人们为此而打拼、谋划都是应该的。不过，物质已很丰厚的人，还要无休止地追逐更多的财富，已无必要。世界上，财富多少，什么是够？官当多大，什么是头？名声响到多大是满足？……都受欲望驱使。欲望无止境者，倘若再用不正当手段去获利，就会走向犯罪。这种无止境“得不到”的，就不再宝贵，而成包袱、累赘了。人在“得不到”的追求上，适可而止，才是明智选择。

失去的东西最宝贵，认识和研究它更有意义。人生最有意义的不是赚钱，而是花钱。花钱体现着一个人的水平素养和人生境界。

许多人拥有时不在乎，失去时才后悔。确实，失去的才是珍贵的。一个人青少年、成年时，体健如牛，由于不珍惜、不爱护，任意糟蹋，烟酒无度、吃喝随意、熬夜，整天坐在豪车里，躺在沙发上，渐渐耗去了健康，疾病必然提前赶来。以致睡在病床上才感知健康的重要，身外之物为多余。此时，亡羊补牢，为时已晚。这时他定会感悟到：失去的健康才是最宝贵的。人生相遇的亲情、好友、同学、同事可带来莫大的欢愉快乐，但随时光流逝，一个个好友、同学、亲人都在离开、离别……失去的这些也很宝贵。人生年幼、青壮年、成年，青春美好，外貌秀丽光彩，但随年龄增长，那些青春和秀丽光彩必然失去，怎能不珍贵？当然，越是得来不易的东西，失去时越感到珍贵。贪官不太费劲受贿来的钱；有人用炒股、中彩票靠一次运气得来的钱；有人靠后台得来的权势、获取的名声……这些人挥金如土，毫不可惜。那样的“钱”、“位”、“名”失去时就不那么珍贵。反正得来时没有怎么费劲。农民工用汗水挣 10 元钱，可保中午一顿饭，而富人 10 元钱不够买一杯咖啡。同样币值的使用价值差异，来自“得到时”付出成本的大小。人生容貌、青春、身体只有一次；好友、同学、亲情都相遇不易，所以，失去了很可惜。为此，失去的是宝贵的，通过很大付出得来的东西失去时更觉宝贵。

人生明白了什么是宝贵，就该理智地对待人生。人生确实要为“需要”去奋斗“得不到”的。必须努力奋斗，争取获得那些宝贵的“得不到”的东西。但若非分地想得到，则十分有害。得到了“宝贵”东西，更要珍惜爱护，不可随意糟蹋。该得的力争得到。已得到的珍惜爱护，拉长保值期、保养期，延长价值使用期。让其慢慢地、本能地、自然地失去，不要用人为的不良手段、加速失去这些“宝物”。

追求“成功”与品味生活

人生三个层面是：生存、生活、生命。生存需要竞争。但不管是“丛林法则”，还是“优胜劣汰”都要讲法则。超越法则求生者，只有犯罪。生存中的人，不仅过自然生活，即吃喝拉撒睡、生儿育女，更离不开社会生活，与他人及社会的交往，需情感融合。这个层面上，必然发生价值意义的相近与差异，且带来亲和与冲突。这就离不开道德的约束。但人之间文化内涵差异、价值取向的不同，往往不是亲和就是排他性。为此，人与人之间尚需有道德的契约。这就是普世价值，即社会公德、公理，违背了就无法正常生活。每个人的生命都是奇迹，生命充满神奇与造化，各人的生命和活法都是自己的事。人的尊严、人的痛苦、人的缺失都是人自己的事。人的生命是一切基点，是文化、信仰、道德的总和。人生有多少意义、人生有多少真实，都是人生命中个人的事。从这三个层次看，极少有人能做到自己是成功的人生。即使大面上功成名就、学富八斗、财富满盈、子女成才……都不能说真正的“成功”。所谓的人生“成功”，不过是人的一小片狭窄的“成功”。事实上，追求唯一的成功，只能与浮躁等同。

人生最实际的还是“品味生活，尽力付出”。品味生活就是形式上求简单，内容上注重享受。人们的愚蠢在于将大部分精力放于追崇外表、形式规格和面子上，忘记了真正的生活享受。一群学生在教室喝水。教授拿出各式不同但都很干净的杯子。同学们争抢拿走美的、细的、好的杯子，盘子里只剩下一些粗陋不堪的杯子。未争到好杯子的同学心里还不痛快。教授问大家：“目的是喝水，什么杯子只要卫生即可。为什么你们都取走美的、细的好杯子呢？”主副不分，只想取好杯子，正是造成大家压力的主因。为选不上美的好的杯子而心生怨意。这就和生活一样，生活就是水，而名誉、地位仅仅是盛水的杯子罢了。如果我们把所有注意力放在杯子上，就无暇有好心情去享受杯中水的美好滋味了。旅游本是放松心情的快乐事。来到异地他乡，欣赏蓝天白云、大地山川、河流大海、城市风光；品味异地人文山水、风土人情；品尝当地的美味小吃……是十分惬意的事。可有的人放不下内心挂念和烦心事。想这想那，无暇顾及现实的美景。这也是主副不分，何况在外面老想着也于事无补。不如忘掉烦恼，全身心投入欣赏，放松心情。等心态好了后再回去解决问题和办该办的事。有些人身居高位，或是企业老总、名人、教授、学者……从外表看他们已经“成功”。实际上，只图虚名浮华的地位、金钱、名誉，其背后真正的人生享受，在家庭、亲情、朋友相处上，往往有残缺；压力大成了这些人的口头禅；疲惫不堪的躯体无法同正常人相比；家庭破裂、亲朋间恶搞、扭曲，时有发生……这些人离“成功”着实很远。

生活中许多烦恼都是自找的。快乐就藏在我们心里，关键是快乐来自对平常生活的细细品味。快乐无须惊天动地。走路哼小曲；吃食物细品滋味；在与亲人的接触、话语、挑逗中找乐趣；坐车中看窗外的绿树、山峦、村庄；同朋友聚会、吹牛、侃“大山”中寻友谊；在超市购物中选择欣赏，在看书看报中学习新知识新观念，提升个人境界；在平时运动锻炼中，激发荷尔蒙快乐素的产生，趣味无穷……这就是人生享受。关键在自找、自取、自创。当然，想“成功”不如换成“多付出”、“讲奉献”。人是社会中的人，每个人为社会创造、奉献，是社会的必然。人有爱心、讲道德、社会就会发展进步。今天社会的成就，就是以往各个时代人奉献创造的积累。人在过好自己生活的同时，又为社会创造价值，这就是“成功”。单一品味生活离开社会就无法实现，只为“成功”拼搏、丢掉自己品味生活是不完整的人生，二者兼顾才是成功的人生。人生不易，摆位很难，安排不好就是痛苦。才女张爱玲说过：“短的是人生，长的是磨难。”兼有的人生才是真实的人生。

感觉时间

人类在三维空间和直线时间里活着。人们对宇宙提供的空间感觉自由自在，很少在意。奇怪的时间直线只朝前面一个方向，没有回头路。宇宙中的时间对谁都平等，亘古的时间公平均匀、永远无声无息地提供给星球上的一切物种。爱因斯坦说过，时间存在的唯一理由是“如此才不会让所有事情同时发生”。唯有人类对时间的快慢感觉异常敏感。特别是人的情绪、年龄、健康变化，对时间快慢感觉差异更大。这里只说“感觉”，不是真实。感觉是人心理活动的认定趋向，事实上，感觉时间过得快慢，是人的心理活动状态。时间没有变。不管人如何感觉，它还是那样一分一秒从容平稳地在走过。人除真实地活着外，还靠感觉活着。感觉对人的情绪，心态影响很大，直至威胁人的健康和生命。时间对感觉的体验很重要，也很敏感。人们在不同阶段、不同环境中对时间快慢的感觉非常明显。

情绪决定人们对时间感觉的快慢。心情放松，高兴自在时，感觉时间过得很快，即好日子过得快。参加晚会、看场电影或球赛，现场越精彩激烈，越舍不得离场，甚至结束了还恋恋不舍。感觉怎么时间过得这么快？读本趣味书、看精彩电视节目，总嫌结束得太早。人们探亲访友、过节假日、学生的寒暑假，大都感觉时间过得比上班上课时都快。听有意义的报告会和讲座，通常觉得时间太快。学生考试时，两个小时感觉飞快地走过。人们参加宴会，朋友聚会，总感觉时间太短……总之，人们做着自己愿意的、有趣味的事情时，都会感到时间过得快。反之，心情烦闷、痛苦不悦时，感觉时间过得慢。听无味的报告讲座，参加乏味的空话套话会议，心里厌烦，没有生趣，定会感觉时间过得慢。人遇到担惊受怕的事，或听到哭声时，也会感觉时间慢。尤其遇上灾难或祸事临头时，更盼望早日解脱，感觉时间过得太慢。情绪阴暗，无所事事坐在办公室，老盼着快下班回家。失眠的人，实际是不良情绪决定对时间的感觉。愈入睡困难，愈感到黑夜漫长……总之，情绪不好、精神乏味、做无趣味的事时，通常感到时间过得缓慢。

人生不同年龄段，对时间过得快慢感觉不一样。人生年少年老两头感觉过得快。年少时，天真无邪、无拘无束、快乐自由，干什么都感觉过得快。孩子在外面不管玩了多长时间，只要他还乐意继续，大人喊其回家，孩子都会说："再玩一会。"说明孩子感觉时间太快，没有玩过瘾。人到青年爱感叹："快乐的少年时代怎么一下就过去了？真想再重新过一次。"感到小时过得太快。人到老年会感到时间过得更快。且随年龄增长，感觉越过越快。人到老年一般感悟深，看透世事万物，心态变好，感觉时间过得快。人到老年，终生大业近尾声、生活压力渐少、牵挂少、心情高兴，感觉时间过得快。人到老时，是成是败已成定局，且大都衣食无忧、需求少，感觉过得快。人老时，认识到活在当下的重要意义，思念过去、设想未来都是些不靠谱的事。满怀信心、活好现在、趣味倍增，所以时间过得快。但是，在生老病死面前，往往紧张惧怕，尤其生病住院，定会感觉时间过得太慢。人濒临死亡时，度日如度年。监狱中犯人感觉时间过得慢。人在惊恐时，多一秒钟都嫌慢。

人质被劫持、呼叫无用、总盼快速解脱。遇到天灾人祸，如地震，废墟下待救的活人，感觉时间的每一秒都在威胁着自己的生命，过得太慢……

人到中年，承担上有老、下有小的重担。为谋生挣饭碗的工作压力，开朗轻松的情趣远不如儿时多，也不如已看透超脱了的老人，总感觉时间过得慢。“人生不如意事十之八九”，大都在中年时碰到。这些人压力大的概率比心情好的概率大，所以感觉时间慢。

尽管时间在平衡地走过，但人们喜欢设想储存时间。总认为自己将来会有更多时间。这是自己安慰自己。小孩常对父母说：“今天作业留到明天做，或周末再做”；不少成年人感慨：“等我事情做完了，好好抽时间回家陪陪爱人、孩子”；“等我某件任务完成了，定抽时间回去看望父母……”实际上，这些许愿往往兑不了现。因为即使任务完成了，新的压力又会再来，仍然无暇顾及自己的许诺，设想的储存时间仍然是空。

人们对时间快慢感觉如此强烈，根本是情绪决定感觉。健康和年龄对时间快慢感觉的实质，是受情绪左右的。为此，调整自己情绪是根本。回到中庸之道，保持一颗平常心、安静心，就可将日子过得平平淡淡、不缓不急、恰到好处。这才可以与时间同步、减少对时间快慢的感觉，不急不慢过着好日子，才是人生之道。

现代经济学的"非物质化"因素

强调数字和人自律行为的传统经济学，已被现代经济学替代。传统经济学以物质产品、货币计算形式为主，不能涵盖真实的现代市场。现代市场条件下的商品概念是：物质产品、服务产品、信息和科技产品、精神文化产品、劳动力产品……且越来越广泛；传统的"金融""货币""资金"已演变成多种衍生产品：股票、债券、银行卡、基金、期货、电子商务产品、各种理财产品……传统的劳动价值论，简单的按劳分配已发展成多种要素参与分配。价值创造不等于按此劳动分配。资产、资金、技术、专利等都可参加分配，这已是劳动价值论的延伸。

现代经济学的市场经济范围涵盖面更宽：连人格、道德、可信度都将变成获利的资本。经济学向心理学靠拢，或将经济学变为"行为经济学"。传统的主流经济学理论，建立在一种刻板的"假设"基础上。假定人的行为准则是理性的，应该怎样做、不应该怎样做，无动情感的自我利益掺杂。而现实中的主体人，在市场经济浪潮下，自由度大、经营活动范围广、方式灵活多样。传统"按劳分配"是在政府干预下进行，今天的按"市场分配"是参与人遵循规则行事。两种方式完全不同。现代市场中，人的生动活泼一面更加展现。有情感的、非理性的、有观念引导的成分。人的行为、心理、利己主义渗透各个方面。传统意义中的“应该怎样办”，已很少存在。市场交易中“维护自身利益”，既有理性，又有非理性。如投资者情绪反应、表象思维、心理定式、环境影响等不理性错误时有出现，市场中的“行为”经济学表现越来越显著。

现代经济学向心理学靠拢，同现代经济学中“精神心理因素”强化有关。与现代经济学中的日益“非物质化”、“软性化”有关。市场上，更加突出“商品品牌”的作用。一些企业不惜花几百万、几千万、上亿资金在宣传媒体上大肆炒作做广告。目的是宣传其产品“品牌”。市场上，同样质量商品，只要是知名品牌的，要贵上好几倍价格。消费者买的不是该商品的“使用价值”，而是买的“心理”炫耀。商品个性化意味着商品内含的“精神文化因素”越来越大。人的价值取向决定商品销售趋势，商品推销者无时无刻不在搜寻揣测消费者的个性、爱好、口味等价值取向，并以达到扩大销售的目的。现代市场中，服务比重越来越大，社会“软件”比重增多。国家最近颁布《尊敬爱护老人法》中有“常回家看望老人”条文，一些地方迅速成立了“代看望老人服务公司”。三十年前，普通国人家庭消费支出，吃、喝、穿物质消费占收入大头，教育、娱乐、医疗消费都很低，更谈不上旅游消费。如今，家庭收入提高，吃喝穿的物质消费比例占收入很低。同时，服务消费、精神娱乐消费、教育消费、看病消费等占比例非常高。每月的电话费、手机费、电脑、电视、交通费、旅游费用、看病费用等多不胜举，消费结构发生了很大变化。女士做一个头发，几十、上百元，孩子学前补习，假期娱乐活动费，高得吓人。总之，消费的花样越来越多。消费经济学中非物质化因素占比重很大。

市场上商家促销手段五花八门：打折促销、广告推销、回扣促销、补贴促销、赠商品促销、买卡促销、豪华包装促销……各种促销手段中，往往隐藏着虚假和欺骗。西方经济学中的“非物质化”因素越来越甚。企业家主要不再靠产品质量取胜，而靠商品牌子、宣传广告、促销手段等迷惑消费者获利。

现代经济学的“非物质化”，应在产品质量有保障、诚信服务前提下进行。人的非理性行为、获利欲望应在自律的道德中坚守。不应该丢失传统经济学中的交易法则。现代交易中往往用市场“法制”来制约，法制是“他律”。岂知，“自律”是对所有人的，面大人多。道德关把住，就干净了市场主体的大多数。“他律”是被迫的，触犯了法律才被抓，抓不到的仍在，漏网的必然不少。经济学中，开始是物质行为，建立在道德水准上，演变到今天的不理性，有让人担心之虑。传统经济学的人文自律是不能变的。

人多力量大小论

生产力要素中，人是最重要的资本和力量。人的潜力分静态潜力和动态潜力。人本身遗传的智商潜力，后天学习和实践积累的知识、技能、智慧都属静态潜力；而人由心态主宰，情绪对人的潜能发挥干扰极大。人愿不愿意发挥，这是动态潜力。前者说明你有潜力，后者发挥了才是真正的潜力。两种潜力都有，就是真正的人才。我们过去喊过“人多力量大”，以为人多了力量一定会大。从静态潜力看，人多叠加潜力肯定大；从动态潜力看，人不愿发挥就无潜力可言。动态潜力向相反方向发挥，还可起破坏作用。社会价值的创造，只看人发挥的潜力大小，不在乎你是否有静态潜力。人具备了潜力不发挥，等于零潜力。动态潜力相反，则成负潜力。

为此，人多力量是大还是小，不能绝对地看。法国心理学家格林尔曼做出一个“拔河”实验，结论是：人多力量小。单人拔河平均拉力 63 公斤；双人拔河（同旁）118 公斤，而不是一倍 126 公斤。同样三人去拔 160 公斤，而不是两倍力。群体力量的总数低于单个力量叠加的总和。这种结果称“责任分散现象”。对某件事，假如一个人在单独的情况下完成，会做出积极的反应。但在群体去完成的情况下，往往有退缩和保留。因为前者独立承担责任，后者则期望别人多承担点责任。一个单位、团体的内耗现象，实际是一种责任分散的结果。人浮于事即这么来的。当然，官场病中，办事效率低下秘密还在于：当官者宁愿找两个水平比自己低下的助手，也不肯找一个与自己能力水平势均力敌的下属。并由此导致人员剧增。人多了，又制造出许多新的“工作”，又带动机构人员一齐扩大，陷入机构越大人越多，人越多越“扯皮”的恶性循环之中。英国政治学历史学家诺斯古德称此为“帕金森定律”。

随着社会发展进步，人力资本越发重要。在经济发展前期，物质工业时代，物质资本中生产原材料、劳动对象对经济增长起主要推动作用。但工业社会的中后期，资本涵盖内容增多，尤其当今工业现代化、电子化、信息化时代人力资本对经济增长的推动作用越来越大。文化知识高、信息广 、智力强、有创新思维的人，能正确决策、严密果断实施，这样的人才就是含金量高的人才。即有实力的人才资本。信息化时代，市场最重要的是人脑。研究市场，研究新产品，本质上是研究人。某种意义上说，最重要是动脑，而不是动手。对人的管理，不是管束，而是激励。如何去解放人，让其思维处于最活跃状态，激发其“创造欲”。那种“纯粹人盯人”已是一种落后的管理方式。有人称：“量子型 ”决策方式。量子思维是物理学中概念。量子是比分子小得多的微观世界中一种高速运动状态。它具有不连续、跳跃、不可测的基本特性。当今时代充满了许多不确定性。事物本身不都是按“先有 A 再有 B”的常规逻辑。不可预测和不确定因素增多。社会管理越精细，自然科学发展越尖端，微观上就需要量子思维。人的“思考”成最大生产力和重要财富。“点子”值钱的意义也在于此。社会管理和各项发展都要“策划”。“策划”的本质，是智慧的整合。

推行和实施项目：包括构思、分析、归纳、判断，直到策划拟订、方案评估实施的全过程。中国缺少的是策划人才。它对生产力增长和国家管理，关系重大。以上人才的力量大，基本属人少范畴。

但现实中，人多力量大的作用，也不可忽视。完成一项实体性的工程，人多就比人少强。如防汛、排涝、救灾，人多战胜自然灾害的力量就大。曾经的战场打仗、技术层面低，靠人力肉体力量去搏击，人多获胜的机会肯定大。中国还是发展中国家，离真正现代化相距甚远。靠人力干活将长期存在。劳动密集型产业还很多，人多力量就是大。农村许多劳动还离不开手工作业，人多力量就显大。手工业、服务业劳动力成本低，西方发达国家在中国和东南亚投资办企业，无非是利用庞大的廉价劳动力市场，赚取更多的利润。

这个世界永远是尖端和普通并存，先进和落后共处。人多人少谁的力量大，不能绝对化。只是要搞清楚：在什么情况下有利于人多或是人少的力量发挥。调动各个层次人的积极性，珍惜每一个人力资源，尊重所有人的尊严，才是最佳选择。由于前面的原因，这个世界也不可能人人财富平均。但平等、公正必须坚持。创造公平的起跑线，人格平等，人的尊严受到尊重。让每个人的潜力得到充分发挥，国家和个人的财富创造就可获得最大化。

信仰制约人性

信仰是人对某种理论、学说、主义或人格等的信服尊敬。信仰来自人内心的崇拜，带有个人倾向特征的心理状态。信仰是理性的、精神层面的。有人感叹：“现在人没有信仰了。”这感叹得不准。应当说：当今的国人理性信仰少了。绝大多数人沉溺于寻找享受的非理性之中。这是人性弱点在膨胀。人信仰的类别较多：有政治信仰、宗教信仰、思想信仰、科学信仰、文化信仰、道德信仰、人格信仰等。人们崇拜某个政治方面主张、主义、制度，便能自愿为其奉献出一切。中国革命，有一批为建立“民主共和国”信仰的先辈们，奋斗不息，自觉献身者就属这类。这些人为建立新中国、推翻旧制度，放弃城市或家庭优越生活，投身到艰苦斗争环境里，就是靠政治信仰的支撑。英雄人物董存瑞、黄继光、雷锋等有自我牺牲精神，就是因为有政治信仰。信仰还包括对人的崇拜。“跟着某人干我愿意”，就是信仰。宗教信仰面广人多。国外，90% 以上人都信天主教、耶稣教、穆斯林、伊斯兰、佛教等各种教。宗教信仰虽是非科学的，且带有迷信色彩，但其对道德目标的追求，让它高尚；科学信仰，是对自然科学追求欲望的迷恋。许多科学家及其科学爱好者，终生为它探究、发现、实验、研制、创造，为科学发明奉献了一切。这就是信仰的作用。思想信仰，是人对某种思维理念的崇尚和追求。如哲学：中国古代老子庄子的道家学术，孔子、孟子的儒家学术等。追求文化信仰的人，可以全身心地倾注于某些方面爱好，如文学、诗词、书法、美术、音乐……迷恋其中，忘掉一切，乐趣无穷。道德信仰虽从属于政治信仰，但它以人的道德拔高为尺度，同人思想、修养、境界相联系。道德信仰同其他信仰相通，比政治信仰层次更高。信仰是人的精神支柱。精神信仰有强大的自制力，让人们心悦诚服地顺从内心所崇拜的信仰对象。即使很顽强的人性弱点，低俗的唯我“利己”冒头、损人的恶念表露，但在人的信仰面前，往往能自发地退缩。可见信仰的强大力量，实际上是心态的威力。西方 90% 以上人信宗教，人内心处产生“自发做善事”、“爱他人”、“人生就是赎罪”、“忏悔”等宗教信条，无形地约束人性弱点的膨胀。人的自私自利、欺压霸道等非理性行为常被信仰的光芒所灭杀。不少国家虽有政治上争权夺利、秩序很乱。但人的素质、人之间交往还是遵从宗教“善”的一面相处行事的。为此带来多数百姓安宁。这不是全部政治优势成果，而有更多宗教信仰的自觉成分。

宗教可把广大普通人带入信仰。它很简单，只要信仰“崇善”、“因果报应”、“上帝主宰”等简单伦理道德，便可拢住绝大部分基本民众。当下，现实生活环境以物质和务实为主导，人性弱点便会自发显露和膨胀。享乐是自己的，奉献吃亏，重物质、轻精神，让人性倒退到动物层面，靠感觉活着。只看到生活中的自我，很少考虑社会和他人。无信仰是人性倒退的根源。

信仰不是靠政治口号，大家就能跟着跑。信仰是人在不断学习和实践中，自发感知、理解、悟透之后才产生。这就需要好的社会风气熏陶，对学习的热爱、对精神生活的追求。整天喊“法制”，只是对低层面人性的强制。追求高尚道德、爱人律己，是文化的渗透。人人从自我做起，是产生信仰的源头。上层以身作则，家长对孩子行为影响，老师对学生言传身教，让一种健康的言行充满社会。因为国人的道德信仰产生于博大精深的中华文化，产生于对自然、社会、人类的大爱之中。

痛苦快乐转换在心念间

生活中越简单的命题越难解。最平常的痛苦与快乐往往纠缠着人心的安宁。“世间不如意事十之八九”，“不如意”即痛苦。人背着百分之八九十“痛苦”生活着，还有多少快乐可言？人在无奈之下，追求超脱找快乐。耶稣天主教将上帝的神变成人，人人是上帝的孩子。要成为神，个个戴罪忏悔。中国儒学将死去的人变成神。三国名将关羽，死后成为“圣人”，受到历代人的尊崇朝拜。不过，这种超脱找快乐还是遥不可及。人世间，痛苦快乐都是人们面对的现实，回避不了。只有从人性中找解题答案。人们每天都像学生一样在做着试卷。生活中时刻遇到的问题，都是一次考试。卷子是自己领来的，做完后，自己可以随时给自己打分。别人认为你不及格，你可以自己打100分。试卷和答案没有必然联系，和分数也不必然联系。试卷是例行的吃喝拉撒睡。你躲不开，不做也得做。既然答案满意度是自己的事，为什么不多往满意处想呢？打高分、往满意处想，就是找快乐。生活中个人快乐的钥匙不必放别人手上，应掌控在自己手里。让别人控制自己的心情，活在别人的眼光里，自己则是受害者，不痛苦才怪。一个心态独立的人，即是成熟的人。我不会期待从别人那里获取多少快乐，而是自己找快乐。这才是最有效、最方便的找快乐渠道。

人的心念主宰着人的痛苦与快乐。怀一颗感恩之心，把周围人看成天使，你就生活在天堂里。如果把周围人看成魔鬼，那你就生活在地狱里。心念的成熟，是人的真正成熟。它是指自我最深的觉悟。这种人不会人云亦云，当观念上的俘虏。“心和则气和，气和则形和，形和则声和，声和则天地之和应矣。”几千年前老子的话讲得多好。几分超然，几分大度，放心胸于天地之间，置得失于坦然之处。释怀后方见天地宽。上帝从不埋怨人们愚昧，而人总埋怨上帝不公。人遇上痛苦来临，总爱喊叫：“上帝为何对我不公？”岂知，世界上他人也会随时遇上痛苦的事，只不过别人未必告诉你而已。否则，“每家有本难念的经”又作何解释？无论遇上什么灾难，你都要相信：自己不是最惨的。有颗感恩的心，人就活得快乐。

人一辈子都是自己的精神同肉体在较劲。人身难得，真法难闻。只要我们真爱此生、上下求索，即便痛苦与快乐无处不在，人类也会从精神与心态超脱中，求得后者而拒前者。痛苦对人身健康杀伤力很强。人们看得见的暴力是使人速亡，人们看不见的暴力是使人慢死。后者慢死是“温水煮青蛙”，开始被煮时，甚至还洋洋得意。人在看不见的暴力面前表现出的是无动于衷。不少人，心绪不好、欲望无穷、怨天怨地、自找烦恼。这种软性的痛苦暴力，残杀着自己却视而不见。古人比喻：心境宽厚、善良自律的人为君子；利己恶人、心术不正之人称小人。其差别在于：君子量大、小人气大；君子不争、小人不让；君子和气、小人斗气；君子助人、小人伤人。所谓君子，就是心态宽厚、雅量大度的人。君子和小人之分，不在肉体，而在人品和心态上。

美国心理学家赛利格曼研究的快乐幸福总指数，等于“先天遗传因素”加上“后天环境因素”再加上“人主动控制的心理力量”。公式中快乐来源：前两项不可改变，唯一可变的是“人控制的心理力量”。心理力量就是人的心念、心情、心态的定力。哲人说：“你喜欢什么就是什么。”人，就是要学会在自己“喜欢”里描绘自己的人生蓝图。为此，你就可以把自己和世界如愿合成一个幸福快乐的整体。

痛苦与快乐只是一观念转变。这种观念转变就是心态转变。心往何处想，痛苦与快乐的感觉就向何处跑。心态转变的方法很多。智商不高的人，拥有世界上最单纯的快乐；有智慧的人，用智慧找快乐。美丽的人生是简单的人生。一般不快乐，是因为把人生不必要地“复杂化”了。其实我们每天只有三件事：自己的事、别人的事、老天爷的事。若只把自己事做好，少管别人的事，不担心老天爷的事（本来，你就无法管，也管不了），你还愁啥？从时空来划分，也是三件事：过去的事、今天的事、以后的事。只要做好今天事，就简单多了；过去事的好坏，追悔无用，以后之事还未到来，想也无用。只过好今天，快乐就来了。不想昨天和明天，痛苦就少了。心理学家统计：一般人心中忧虑的40%属过去的，是多余的虑；50%属未来，再虑也无用；只有10%属于现在的，好简单。同时有92%使人忧虑的事从来没有发生过，剩下的8%则是一般人可以轻易应付的。这是很好的心理治疗良方。当然，人绕不开痛苦，关键是心态转变。痛苦是人生，快乐也是人生，没什么大不了。为自己痛苦，那你还能发现不足；为他人痛苦，是你的人性情感；他人惹你痛苦，只要不是致命的，你又何必认真？误会的，付诸一笑，不理会；小题大做的，心里知道，还可哈哈大笑。决不可让痛苦主宰着你的人生。快乐不是给你的多，而是计较得少；幸福不是甜日子多，而是抱怨少。总之，不能让心累着。这个世界本来就有烦恼，与其皱着眉头，还不如笑着、快乐着。心念转换是痛苦与快乐之间转换的钥匙。

理性接受社会负面

情绪是一种哲学。人有许多欲望，而给人满足欲望的机会又那么少，就产生了情绪。人喜欢社会和他人多给予自己“真善美”，可在给予中，又掺杂了很多“假恶丑”，让人产生了情绪。人都希望自己的付出能得到等量或大于等量的回报，可往往结果又让人大失所望，使人产生情绪。社会上好人有时未得到好报，而有些恶人越过道德底线，反倒获得利益，让人不得其解，产生了情绪……特别是人到中年往往感到：看山不是山，看水不是水。在扭曲的社会现实面前，是万念俱灰、躺倒放弃，还是调整心态、继续向前？人世间理性和感性并存。真实的社会里，“真善美”大量存在，“假丑恶”也比比皆是。人用自己理性对照现实中的感性，是觉得一无是处。要求社会和他人都按自己的理性原则办事，也不现实。人性是多样性的。社会中的人因出生经历、社会环境、教育程度各异，人性的优点弱点显露就不会一样。通常人容易接受好的、正面的，对坏的、负面的难以按受。但是，人生活在这个现实的社会里，两种状态都得接受。人类社会发展就是在不完整中前进。社会形态中的正面负面兼有，这是社会存在的常态。一个人只想接受好的、不愿接受差的，就无法立足于这个社会。除非逃往另一个星球。因为地球上被主宰的人类是有人性的，有人就有正面负面两样人生。人们既要接受正面，更要接受和应对负面。这才是人生。从古至今都如此。春秋战国时，孔子在陈国、蔡国施粮。孔子让子贡去买米。店老板要子贡认一个字，认对了才卖米给他。子贡一看这个字念“真”，老板不卖给他。子贡回来告之孔子，孔子说，你念“直八”。子贡又去了，且按孔子教的念。老板将米卖给了他。子贡问孔子何故？孔子回答：“这叫认真没饭吃。”让别人和环境改变很难，只有改变自己。情绪让人高兴，也可让人痛苦。人的心情变化在于自己。人生在社会上既要腰杆直，也要学会弯腰，都得顺应环境。遇上负面的、不理想的，用回避、直面、沉默、退让等多种灵活方式也就过去，如此，心情便轻松多了。

人心之小，不过一手之握；人心之大，能容世间万物。唯有心与心的距离，令人难以捉摸。人生，离不开生存中的互助，但又害怕互相的伤害。于是，生活中咫尺之距的人，却似万里之遥。人的戒备有多大，心的距离就有多远。在商品经济市场化的今天，钱成了普通人追逐的目标。在商品经济中，一些人认“钱”不认人。亲情朋友间，为房子票子争斗得不可开交。无限的物质欲望，控制着一些人不能自拔。痛苦快乐不由钱多钱少、权势名望的大小来决定，只能由各人的价值取向来定。衡量人们价值的真正尺度，不是我们拥有什么，而是我们是什么样的人。心理学家哈利伯特说：“当享受成为人生的主要事物时，它就不再是幸福了。”生活可分为两半：一半是世俗的，一半是心灵的。智慧的人可在另一半的心灵领域找到无限的乐趣。这种人碰上那些不按理性常规出牌的人，会理性对待，让其一风吹过，心就平静了。

一留美的文科学生说：“商业社会不要文学了，人类社会仍要用文学来净化精神。”说明在物质充足的今天，仍然不要忘记精神的净化。社会组成由世俗和文明合成，我们都要接受。难做的是接受世俗，接受扭曲的一半。学习是充实精神食粮的关键。学习时间靠平时。爱因斯坦说过：“人增长知识的时间主要在业余。”人类文化是心灵的补养剂。古今中国政治家、文学家、名人都是酷爱学习的典范。宋代大文豪苏东坡是“发奋识遍天下字，立志读尽人间书”；清代“八大山人”之一郑板桥名言：“咬成几句有用书，可以充饥；培养数杆新生竹，真似儿孙。”近代政治家孙中山：“愿乘风破万里浪，甘面壁读十年书。”近代大教育家蔡元培：“都无做官意，惟有读书声。”学习知识与调整心态有关系；美好的东西一旦与人性负面相吻合，就会成为有毒的鲜花；美好的东西，从正面发扬，心态阳光、快乐无比。即使人身处逆境，遇上不平之事，也要坦然处之。挨打的总是屁股，尝鲜的总是嘴巴，不管承认不承认各部位的贵贱，分工不同已注定。没有绝对的社会公平。应该淡化物欲消费。西方有句格言：“获得的财富去应付虚荣的花费这一念头，使纯洁的精神堕落。”用一颗宽容大度之心对待世界，社会就和谐多了。清康熙年间文华大学士张英收到家乡弟弟来信，为邻居盖房多占三尺地皮求援支持。张大学士只回信四句诗：“一纸书来只为墙，让他三尺又何妨。长城万里今犹在，不见当年秦始皇。”历史上传为佳话的“三尺巷”故事即在今安徽桐城县。“三尺巷”遗址今天还保存供旅游者参观。做精神强者，不做物质的奴隶。用高境界看透社会负面现象，就不会觉得奇怪。和负面较劲，才是不正常。人生就是解难题的。遇到问题，能解决的合理解决，无法解决的，退一步海阔天空。理性对待社会负面现象，体现着人生智慧。人追求完美是痛苦，不完美才是生命的常态。人的“可悲”就在于他不承认世界的不完美。去掉完美，才会有快乐。

“静”的能量

“静”是沉稳、平静、安静、宁静。有精神内涵的大智若愚者，通常不显露自己，这就是“静”。武林高手，平时不张扬，遇上对手往往以静制动，取胜对方。张牙舞爪的人，爱显示出风头的人，定无什么大能耐。自然界中，水最平静。宽阔的大海能包容万物；平静的湖面，静而清澈，并可将天空和周围山花树木收作倒影。柔能克刚，柔弱的水有强大穿透力，滴水穿石。智者爱水、仁者爱山。山最静，千年万年巍然不动，狂风暴雨摧毁不了。生活中的智者，沉稳、平静。博大的胸怀能包容世间一切，这类人遇事不争，上善若水，正是干大事的人。

宁静，就是守着那份宁静的心。遇事不激动，凡事先用大脑思考而后行之，守住本分。这类人，可抵制物质及各种华丽的诱惑。不安狂躁的人，守不住本分、见利忘义。贪心一起，跌进犯罪深渊。法律制裁时，悔之已晚。吃亏在于贪婪的心不能安静。宁静者守着清平、高贵，有金子一般的心。大风大浪中不会手足无措。兵来将挡，水来土掩，一切胸有成竹，他们贵在有颗宁静的心。这种人拿得起放得下，见华丽不动心。从容、可贵、清闲淡定、明心见性。宁静时，思想清明透彻，最能看清自己的内心世界。世面上，红尘滚滚、牛排红酒、别墅豪车任它去。找自在宁静的夜空、品尝家常便饭、粗粮蔬菜，让精神升华。这种人物质欲望低，过得很轻松。那些外表风光、内心悲凉者，都为朝思暮想的物欲所累，为得不到而痛苦。守着宁静之心的人，看任何事都是公平的。烦事不悬心上，吃得香、睡得着。心如止水、天地朗阔。这种人也安全，真是刀枪不入。

“沉静、静气”，表现为不浮躁、少激动。静以修身，俭以养德。非淡泊无以明志，非宁静无以致远。静下心来即可平静对待一切。静之人忘记怨恨、忘记烦恼，化复杂为简单。世上最赔本的生意是发脾气。一些人稍遇点事便火冒三丈、牢骚满腹。伤别人也伤了自己。发脾气、暴躁，只为解恨、出气。一刹那的情感失控，只会使事情走向僵化，受损失的必定是发脾气的一方。这种人吃亏在于不能平静。心态躁动，伤害的是自己。有“静气”的人，看事物客观，能用换位思维替别人着想。遇上怨气，两方面思考，即会平静下来。有颗平静的心，理智对待不公平，理智对待怨恨，分清大事、小事，原则和非原则，慎之处理，就没过不去的坎。这种人，心理是平衡的、安静的。化复杂为简单就是静。

有颗“清静”的心，就不会在意世俗的名和利。不在意别人的看法、说法和评论……自己该怎样做就怎样做，顺其自然。世俗社会里，“哪个背后无人说，哪个人前不说人”。世间流言蜚语，小道消息，是非搬弄免不了。内心不安的人，十分在意，也容易计较。自己的烦恼与快乐，随着他人的传播而变化，既痛苦，又安宁不下来。清静的人，“任凭风浪起，稳坐钓鱼船”。“两耳不闻窗外事，一心只读圣贤书”。干着自己喜欢的事，干自己应该干的事。这种人守得住寂寞、经得住淡泊，不会去做损人利己之事。他们内心踏实、平安地过着日子。内心平静，力量无穷。

沉默也是安静。沉默是金。沉默的人，不轻易表态，更不会迎着不理性的情感场面唇枪舌剑，解释反驳。这是一种理智的“忍”。忍者无敌，能忍自安。欲望之忍、处境之忍、情绪之忍、相处之忍、痛苦之忍，快乐要忍、失败也要忍、得意更要忍。人生就是要忍着。忍一下什么都能过去。当然忍要有原则，忍的程度自己判断，判断错了，忍就没有了意义。忍是一种眼光、一种胸怀的超脱、一种领悟，一种生活技巧，必要的“忍”是生存智慧。忍不是软弱，而是在软弱的外表下，深藏着刚强。日本学者推崇“钝感力”。这是物理学名词。外来突发事件，包括生活中一些小事，常会干扰我们的心绪，让人苦恼难忍。并不是那些突发事都重得不得了，而是我们突然接触到，一时手足无措，方寸大乱。怎么办？冷静几分钟后再看就不值一提了。将自己反应能力“钝化”一点，过五六分钟再去反应，就清醒多了。这就是“静”。先安静下来，后再处理，人便清醒多了。狂躁的人，当时智商很低，有静气的，智商始终稳定。人生在等待中度过。人生不知花多少时间用在“等待”上面。等是一种渺茫的感觉，全然被动。每天购物排队、买票、等车、办事、病人盼早愈、孩子等就业……全都是等。此时，只靠能安静的心，“耐心”就是强大力量。学会沉默内敛是成熟的人生境界，此时无声胜有声。不少矛盾因沉默而得以缓解。一些只可意会而不能言传的事情，也会因沉默而得以传递。一些内涵复杂的意思，同样因沉默而有了更深刻的领悟。聆听是沉默，思考也是沉默，沟通间歇也是沉默……让其静思、领悟、思索都是消化别人话语的好途径。一个人的悟性，一半应归功于沉默中的思考和感悟。沉默中的心领神会，甚至可胜过千言万语，沉默就是“静”。

“静”渗透在人生各个时段，静的力量超凡。“哀莫大于心死”，人的哀痛变成“心死”，就什么都不想了，“死了心了”。“死了心”

在战场上就会“哀兵必胜”。战友和同胞牺牲，哀痛之心变成一股“死了心”的静气，战而必胜。历史上战例不少。世界上人普遍怕死，但也有不怕死的，那些不想活、想自杀的人就不怕死。这种人心死了、心纯粹了、心静了，只求一死，便不怕死。

可见“静”的能量很大。狂躁不安的人，往往在静气的人面前碰得鼻青脸肿。靠静制胜的成功，常在事情发展的最后。

不把自己当弱势

时下，人们习惯将人群大众分成弱势和强势。弱势和强势是相对的，它分布在各个层面、各个阶段、各个时间。从引领事态的大局看，事物矛盾的主要方面和次要方面，通常由矛盾的主要方面左右事物发展的大局；矛盾主要方面规定着事物发展的性质和方向。即强势决定事物的成败和未来。但是，事物发展的强势和弱势不能简单地套用到人群大众。社会人群中，按有无权势相比较，有权势者是强势，无权势的为弱势。社会团体、单位、组织系统，上层是强势，下面是弱势。人群中，有钱的是强势，缺钱的是弱势。家庭中，操握经济权的是强势，无权掌控经济的是弱势。个体人群里，身体强壮的是强势，体质弱者是弱势。年龄老和小的是弱势，中年强壮的是强势。总的是：求人帮助的是弱势，被求者是强势。人群中的强弱之分，是社会中人的差别之分。其实，按这种有形的、看得见的、物质层面上的人群区分，是一种最浅层次、最世俗的人群分类。如果上升到精神层面来划分，恐怕前面列举的划分标准，就不再那么准确了。

人是肉体和精神统一的高等动物，社会属性决定着人的档次。一个人社会属性占的比重大，动物属性就少，精神层面的境界相对就高。而精神境界高、道德修养好的人，定会平等地看待社会人群。人权平等、人格平等，就无所谓人群的强势和弱势之分了。人群中，真正的强势、弱势产生，来源于原始社会初期。那时人类刚从动物进化而来，肉体的凶猛和强悍主宰着一切。胜者为王、败者为寇、弱肉强食，是当时社会人类竞争的结果。弱势一方都是被征服的对象，被消灭的对象。那是仅以物质谋生的时候，是文化和文明没有产生的时代。人类经过四万年进化，人类文化经过几千年发展，人类文明不断进步，科学技术高度发展的今天，人类本身还在按简单的弱势强势分类，是落后的表现、不科学的行为。

人出生到这个世界就应该享受公平。再弱势的儿童也应受到保护。人格人权都要得到一样尊重；再体弱多病的老人，也要在人权人格上受到社会尊重。社会中，因物质短缺，身份、地位低下的人，人格人权上都应享受一样的平等，得到社会的尊重。这才是先进文明的现代社会所为。那种世俗的、落后的、腐朽的，将人分成等级的旧观念已不合时宜。按权势大小、财富多少、老幼体弱强度的不同，区分强势弱势是社会倒退和落后的表现。求人者和被求者仅仅是按物质多少权力大小来决定弱势和强势，是污辱人格和人权的不端行为。这种势利行为太无档次了。古代陶渊明辞去县令，不为五斗米折腰，宁可回山野村寨务农。此时的他既无权也无钱，人们能说他弱势？ 72 岁身体极差、终生坐轮椅的英国著名天文物理学家斯蒂芬·霍金，对宇宙天体提出了世界一流的论述，能说他是弱势？电视报道的一位常年靠捡垃圾为生计的老人，用微薄收入收养了几十个社会孤儿，有的还培养上了大学，能说这位捡垃圾的老人是弱势？显然不能。人肉体有强有弱，智慧有高有低，年龄有大有小，能力有强有弱，贡献有大有小。但只是各人扮演社会的角色不同，在人格上应是平等的，人权上是一样的。人的尊严应受到尊重。不应有强势弱势之分，这才是社会文明进步的体现。

一个人，只要不把自己当弱势，就不是弱势。每个人从出生幼小到中年强壮，再到老年临终，在身体方面都是一个强弱变化的过程。谁都有强的时候，也有弱的时候。人的权势、名声都是暂时的。历史上威力无比的皇帝，老死时也很脆弱。人手上的钱财物质，仅是身外之物，自身需要有限，够吃够用即可。按身外之物多少决定人的强势弱势未免太落后、庸俗。何况，今天拥有的不代表永恒拥有，一切都在随机变化之中，不可预料，今天没有的，不代表以后没有。人是有精神的，谁的精神境界高，就不会是弱势。

一个人不管在什么处境，都要保持自立、自信、自强的状态。身处下层、对领导不卑不亢，走得正、站得直，对上层尊重，保持自己尊严，就不是弱势。身处贫穷，靠自己劳动生活，不羡慕他人的资财，“你饮你的酒、我嚼我的馍”，会活得有尊严。年老体弱是生理衰退，只要精神不倒、思维独立、智慧长存、善心待人，就会活得潇洒有尊严，就不是弱势。

人性善恶随环境激发

人性即人的本性。人性是人的本质里最深层的生理和社会属性。是人格人品特征的真实内在反应。人的善良、丑恶、同情心、怜悯心、自尊心、归属感、趋利避害、自省、爱心、自我……都是人性激发时候的种种表现。人出生时只有生理上的需求和欲望，随着成长，介入社会的竞争，融入群体的生活，人性的好坏两面便显现出来。善和恶都是人性的本然。人自己总喜欢随心所欲，这就是人性。人性的随心所欲是不讲逻辑的。一只蝎子想过河，让青蛙背他。青蛙说：“不行，你在背上蜇我我就没命了”，蝎子说：“这不合逻辑，我蜇死你，我也没命了。”青蛙觉得有理，背至河中心，青蛙感到剧痛，蝎子还是蜇了它，一起往下沉时，青蛙说：“这没逻辑”，蝎子说：“我忍不住。”这就是人性。而社会，总在呼唤善的美的人性释放，只有如此，才对社会大众有好处，对社会大环境有益。人性的随心所欲，或为所欲为并不会随便释放，而视所处的环境来定。俗话说：“别人对我好，我对他好”；甚至说：“别人敬我一尺，我敬他一丈”。社会环境对人性的激发力很强。人的善恶本性都有。人性未释放前，不是评价人“好坏”的标准，只有人释放出来的善恶大小才是评价标准。人性的善恶是随环境而激发的。所谓“近朱者赤，近墨者黑”就是这个道理。“物以类聚，人以群分”；“一粒耗子屎，带坏一锅粥”；“好的学校能培养优秀人才，差的学校能将学生带坏”；“高素质家庭培养优秀子女，素质差的家庭难出好苗子”；“上梁不正下梁歪”；“上行下效”……都说明环境对人性善恶的激发有着重要影响。人性善恶的释放往往是：在狼群里是狼，在羊群里是羊。

社会大环境通常由强势人物掌控。政治环境由掌权者营造。政治制度、文化教育的目标和方针、法律法规、公平制度的推行，对困难群体的关爱、社会风气等都是社会大环境。领导人的自律行为就是重要的社会环境，能严于律己、赢得部下尊重，部属就会效仿。领导为事业献身，部下就会毫不犹豫地跟上。一位优秀领导可带出一帮子好部下。战火年代，领导带头冲锋陷阵，战士便抢着上。那时，战士人性中的献身精神顷刻激发出来。很多解放后活下来的老战士、老英雄，生活再好，仍过着艰苦日子，因为他们时刻没忘记亲眼目睹战场上牺牲的战友、同志。战火中战友同志英勇献身的大环境，让其永不忘怀，活着的人终生过苦日子也觉得甜。这些人把自己积余的钱财捐助给困难的群体，内心获得满足。善的人性是在那种环境下被激发的。反之，恶的人性激发也大有人在。近年，贪官被揭发，往往是窝案，像笼子里的螃蟹，互相咬着，一揭一大批。人性很怪：恶念生成时，便想：别人能受贿，我干吗吃亏？送上门来，不要白不要。这种恶劣的人性释放，大多在进了监狱后才痛哭流涕、悔不当初。不过为时已晚。

社会群体环境也影响着人性善恶的释放。多数人做好事、善事，其他人很容易跟着做。学校捐助灾区筹款，学生回家第一个找父母要钱，不给都不行。今年七月，河北石家庄一瓜农装万斤瓜的汽车被撞，西瓜破碎一大半，几万元损失，让全家半年辛苦白费，老农抱着破碎的西瓜流眼泪。有一女士见状，立即掏钱买西瓜，且要破的。老农不敢相信。路过的人看到，都跟着来买破瓜。善心顿起，相互影响，相互激发，很快，大半破碎瓜都卖光。老农感激得给路人作揖。首先女士人性善意释放，激活了路人的同情心、怜悯心，且纷纷仿效而做。环境的力量真是很大。社会的彬彬有礼环境便容易营造出来。吉林长春菜市场一七旬老人突发心梗倒地，现场买菜的一女护士看到，立即帮助照料救人、其他人见状便主动打 120，帮助扶持，让老人转危为安。社会中挑头的人善，跟着的众人也善；挑头的人恶，跟着的往往也恶。尤其是同伙人，圈内人。电视播出的丰台旧宫车站一妇女推两岁小女孩出门，一辆白色小车开来，因让道发生争吵，车上一男子下来打了妇女后，还将推车内正睡的女婴抱出从空中摔下致死。汽车上另一男子不仅不制止，还拉着凶手上车，赶走拦车的众人，开车逃逸。人性恶的释放，不可思议。人性恶的一面也是相互影响，相互传染。人性恶的激发往往也在一刹那，一瞬间。

当今的最大危机是人品贬值。一些人仅仅作为经济动物存在。每个人的人性都是善恶并存，一辈子不释放恶的人，就是大好人。环境对释放人性善恶，至关重要。人太复杂，可能在同一时刻对同一样东西既恨又爱。有时，人们不知道自己想要什么。正确的教育是靠文化环境，树立良好的社会风气，让人人有感恩之心。社会上好事发生越多，善的人性就易激发。从自己做起，“不以善小而不为，不以恶小而为之”。做一件小小的善事、好事，对子女，对他人都是一场教育和示范。不能认为我做了善事就吃亏，别人做恶事就是占便宜。文明行为处处开花，想做恶事的人找不到市场。让人性善意的光辉永存。

最想最难办的两件事

人际间，人们最想但又最难做到的两件事：一是把别人口袋钱掏进自己腰包；二是把自己脑袋里的思想输给他人。前者不是偷窃中的取得，而是竞争意义上的获取。

人生下来赤条条，什么都未带，首缺衣食住行。天然的缺憾，驱使人们不惜一切直至终生为谋生、享受、炫耀在拼杀挣财富。社会财富，一是藏于自然界，多数尚未发掘；另一是直接的财富装在他人的口袋里，一部分虽是国有、公共和集体财富，本质也是归众人所有。只有人需要财富，其他物种只自然吸取与食物等有关的东西维持自我生存，更不会用智力索取。已积累的财富装在他人口袋里，通常以物品或货币形式存在；还有以服务形式积累的财富。这些增值的财富，最后计算都得以货币形式，货币是商品的一般参照物。流通中，唯有货币可将物品、服务等变成一般等价物。这样，人们用智力或体力的劳动就可获得工资、薪水的货币回报。为此，许多人终生双眼直盯的是货币，脑子里想的是货币。连不少民事纠纷，违章罚款中也用货币来摆平。货币成了梦寐以求的宝物。“人为财死，鸟为食亡”。马克思说过，有三倍以上利润可图，人们便会铤而走险，甚至不惜掉脑袋。社会已有的财富主要分散在他人口袋，包括国家、公共和企业老板手里。

想求得财富的人，用交换方式才可取得，若没有参与交换的对等物，只有在新创造的财富增值中分得。谁都想多分些，但社会对你贡献的劳动量大小与取得分配一般是对等的。人性总是想自己少付出，多获得。但是，你占的份额大了，别人所占就小，你占的份额小了，别人就大。这就形成了社会间的利益矛盾。付出小、获得多，通常不容易。这样，想尽快鼓起腰包的人，便烦恼痛苦怨恨不断。社会上朋友之间，父母与子女间、夫妇间为财产、房屋争夺，走上法律的不在少数。闹得亲情丧尽、人性扭曲。财富的魔力让一些人六亲不认、情感全无。

把自己脑袋里思想传输给别人，这种人一般很自我。总认为自己想法正确，别人应该听。甚至有时打出关心人的模样出来说教。人通常高估自己的才华，对他人“不服气”也是人的通病。这种不自觉的灌输多见于领导对部下、长辈对晚辈、同事之间、亲情之间……凡此想法的人，往往迷信于自我判断。一是认为自己高明、意见正确、别人听了有“好处”；另一是对方给面子，或出于尊重，我们关系“铁”，肯定听我的；三是轻视对方，我比你经验多、经历多、老道，对方幼稚，应该听……岂知，会场主席台上讲话人滔滔不绝，台下听众又有几个是在真听？同事间、朋友间喜欢教训他人，纵使天花乱坠、头头是道，对方处于尊重，不弄翻脸，虽唯唯点头称是，可一转身，东耳进的便从西耳出了。尤其家长对孩子训话，重复的说道，从小讲到大。可孩子仍然是我行我素，没几个是按大人讲的办。其原因，人性是独立的，人格、尊严、面子都是独立的。人本性形成的固有看法和人格尊严是一人一个样本，且不论看法是否正确，都喜欢按自己的方式行事，很难听从对方意见。当然听从他人意见还有个规律：对己有利的听，不利或无关的不容易听。人们在传输自己思想时，又有几条能满足对方的口味？很少。再加上人的尊严、面子干扰，即使讲得有理、对方心里可能会说："我知道，要你讲？"家庭亲情关系更是只讲感性没有理性，以为自己说得对，别人就听从，这又是异想天开。正确的道理，很难走直道。方式方法起很大作用。找到对方能接受采纳的方式方法，是件不容易的事。当然，正确的真理、公理、经验教训、科学及人文知识，是人类智慧的结晶，对想上进的人，从来都是愿听取的。这要看传输者的艺术技巧和方法了。

处理好以上两难，贵在人的自知之明。人应该实事求是，量体裁衣，正确估价自己，不要有非分之想。从社会取得的合理所得，才能心地坦然，免得为自己找烦恼和痛苦。人际关系是群体与群体的关系、群体与个人的关系、个人与个人的关系。人际关系间，微妙复杂、千丝万缕。人之间交往是情感和理性的共同作用。只讲情感没有理性不行，只讲理性没有情感行不通。人们用智慧提高自己，用行为影响别人更重要，做得好看比说的好更有效。

做事容易做人难

做事，是灵活的人与无生命的事或物打交道，事物可被活动的人玩于掌心之上。做人，是有精神思维的人之间的交往，是复杂人际关系中的游弋。事物是可呈现的客观对象。做事，就是人去处理、加工、运作这些客观对象。做事有量的概念：计时或计件。一定时间内完成事物的量，体现着做事的成果。做事过程里的干扰和可变性不大，完成了质和量即可。做事是人和物的较量。人的智慧和潜能发挥大小，直接体现着做事的成绩。完成的质和量在人们面前一目了然、直观透明。除了知识技能不足，不可胜任的岗位外，通常比较简单。所以，做事比做人容易。做人，是要处好事物背后的人，人是事物背后的操纵者。人在少儿时期，原本情感单纯，一旦进入成年，就变得复杂起来。人际关系像强力胶水，一旦粘上，想脱也脱不掉。人进入成年就背上沉重的包袱。为竞争财富、谋取好位子、成名成家……烦神。此外，人还天天揣摩别人的意思，特别对有利益纠葛的人，时时琢磨对方在想什么，伤透自己脑筋，真是一种极大的精神浪费。社会上，一般人都不太相信会上讲的、当面说的，而对背后议论的、自我内心猜测的，特别有兴趣，对小道的相信胜过大道、正道。如此，弄得人际间，识别真和假、虚与实太不容易。只要是人，谁都离不开这个社会，明知人际关系复杂险恶，却也无法逃脱回避。无论是愿意，或是被迫无奈，都要卷入这一关系。这就是做人。的确，做人比做事困难得多。

社会关系是一奇怪的蜘蛛网，看也看不见，摸也摸不着。但是，你可以感觉到你已进入了盘丝洞。社会关系复杂深奥的原因由人性的复杂性决定。人性是每个人的个性、本性。人性无一相同，数亿人就有数亿种人性特质。利益链牵拉着人际关系网络。远古自给自足的自然农耕社会，人际关系轻松。今天是现代商业社会，人之间竞争成为社会发展动力，人际关系就变得复杂起来。竞争社会是“比”字当头。自己赢了，别人就得输；别人赢了，自己就输。人性的欲望又容不得自己输。不满、烦恼、痛苦便自然产生。大家都这么想，彼此间的人性摩擦就剧烈。造成了做人的难。当然，很少情况下，也能找到双赢。即便双赢，很可能有一方仍不服气。中国足球有次客场同韩国踢成三比三，双赢。可是中国队服气，韩国队心里不服气。可见，“不成即败”，“不是亲家就是冤家”，是中国几千年来做人的惯性。平衡相处，不输不赢的哲学，在国人中很少行得通的。陷此环境中，做人当然是难。

社会现象的隐蔽性，让人难分优劣和好坏。竞争的社会，人被分为有操纵权和被操纵的两方。操纵者拥有权力地位、资本金钱、智慧技术。他们一面处于操纵者同行的博弈、争斗；还要赢得下属被操纵者的顺从和诚服。让这些人多奉献，效忠自己。被操纵的一方，不仅面临同位置的“抢饭碗”竞争，更要获得操纵者对自己的重视和信任，以便获得更多利益。人在这种环境下交往，变得斗心眼、斗智谋、拼体力，怎能不难？隐蔽的社会现象，对人说真话，自己吃亏；说假话，别人不信。竞争环境迫使人们容易说谎，而不愿意诚实。连有操纵权的人也很无奈，不得不在会上，当人面说些应付的话。说真的，让周边不高兴，不是遭报复就是带来冷语。被操纵的人，听了也不当回事，等于白说。有人说，现在是谎言的社会。确实，竞争逼迫人们很难讲出真心的话，未必是说谎者的本意。

人的个性很怪，喜欢责备成功人。枪打“出头鸟”。甚至借机说“批评你是帮助”，“打是亲、骂是爱”，挑剔没个完。人是一种会犯错误的动物，也是一种会做出不可告人之事的动物。大家习惯努力挑剔的结果，社会上就没有一个好人，就是自己最好。“势利眼”也在不少人中存在。不论是非，只讲势利。听到表扬你的话，吹捧你的语言，很难让人信以为真。竞争社会中，做错事的人，丧失了说声“对不起”的能力，自己再错都是对。像火焰喷射器，只有据理力争的勇气，缺乏自我检讨精神。这也是竞争社会通常做人的缺失。这些人缺少“道歉”的文化。有些人眼中骨子里只顾自家，不管外面环境的脏乱差。从前人还有个“各人自扫门前雪”，现在连门前雪也不愿扫，还把自己家垃圾扫到那边。现在心地厚道、宽恕别人、赞扬别人，往往被认为软弱可欺、拍马屁。我们的传统美德很多，可惜都在书本上。凡此种种，都是人性弱点的流露。在复杂的人际关系中交往，很不容易。

如果要别人爱你，先要自己可爱；要别人尊重，首先要有被别人尊重的条件。人在社会中做事、做人，难也好、易也好，谁都逃避不了。既如此，还是先从自我做起，多看点有益的书，增长文化知识，提高智慧。从摆正心态、洞察社会现象的背后，悟透本质，心就平静，见怪就不怪了。人是独立的，不管社会怎么样，自己要做得正、站得直。竞争中靠正当获取，不贪欲。“无欲则刚”。这样，做事或做人尚可容易一些，简单一些。

因果关系的隐蔽性

虽然因果关系被多数人认可，“善报恶报”被说成大家的口头禅。但深一步认识“因果论”却不容易。宇宙间，种什么“因”，结什么“果”，善“因”善“果”、恶“因”恶“果”正是一切事物发展过程中的必然。天地人间，一切领域没有无“因”的“果”、也不存在无结果的因。多少年来，古今中外的自然科学家、哲学家、社会学家、历史研究学者、医学工作者都在努力探索研究“因果”的深层关系。虽成果很大，收获颇丰，但谁都不会宣称是最终成果。因为哲学意义上的认识追求是没有穷尽的。因果关系涵盖宇宙自然、社会发展，直至人类自身的一切领域。无论事物发展的宏观或微观都逃避不了因果的制约。逻辑学上的“因”是条件，“果”是结论。因果关系表现形态既是具体的，又是抽象的。人们对具体的，一眼能看得见的因果关系，较容易理解。而对抽象的、看不见摸不着的因果关系，却难以解释，甚至不承认。这种抽象，看不见摸不着，甚至过程很长的“因果报应”具有隐蔽性，只能通过时间等待、检验、探测、分析等才可验证。天体宇宙及星球运行、自然界的万事万物发展变化、人类自身的生长发育、生老病死的变化、社会发展变迁等规律，都在因果关系的制约中运行着。人们在日常生活中，和自然打交道，听从季节安排；和人交往，受人性及利益支配；参与社会活动，受法律规章制约……这些都在因果关系制约下完成。因果关系中，“因”是可以改变，可以选择，甚至可以创造。“果”不能变，“因”的选择有多种，人一旦选定了“因”，结果就成了必然，无法改变。人们对宇宙和大自然的运行规律，无法改变和选择，只能望而兴叹、顺应天命。对人类自身生老病死规律，不能改变只能接受。规律不能变，但在规律之内每一促使过程发展的“因”，是可以选择可以改变创造的。改变或选择了事物变化的“条件”，就是改变或选择有利的“因”。因的改变虽无法撼动规律，但可以帮助人们减少烦恼、愉快地活着。虽不能改变生死，但可健康活着并延长人的寿命。在社会处人关系中少交恶、多和谐……认识清楚了，将不利的“因”变成有利的“因”，必将结出好的“果”。这就是发挥人的主观能动性，在事物发展条件上科学的选择。

因果关系有显现的和隐蔽的。人们对明显可见的因果关系，认识较清，也容易承认。如太阳发光发热的“因”，能带给地球明亮和温暖的“果”；地球绕太阳公转并自转的“因”，大地才有春夏秋冬四季及白天黑夜的“果”；大自然中阳光照射、雨露滋润的“因”，才有人类及地球万物生存生长的“果”。多数人能知晓改变、选择、创造一个好的“因”，且能带来好的“果”。儿童学知识、接受良好教育，就是想改变“因”；孩子长大成人，竞争中立于不败，就结出优良教育的“果”。人们知道锻炼身体、保健的“因”，可结出健康长寿之“果”。人们更知道辛勤劳动付出的“因”，可换回丰厚物质的“果”……“因”变“果”不变。对改变选择创造好的“因”，人们有一定掌控能力。“果”是“因”在环境作用下的最终表象。“果”一旦形成，好坏都得接受。人接受了好果好报，喜不自禁；坏“果”来了，结了苦果，痛苦即产生。所以，接受“果”往往是件很残酷的事情。尤其在天灾人祸面前、高考发榜时刻、社会竞争遭淘汰的时候……常使人达到“狂喜”或“悲痛欲绝”的两个极端。从中可看出“因”对“果”制约的强大力量。

隐蔽的因果关系大量存在，可人们知之甚少。宇宙天体及大自然中，许多变化的因果关系，成了世界科学家、天文物理爱好者永远探索的目标。每一国家、民族，社会制度发展变革，什么最适合？很难找到其中最合理制度的“因”。人体医学在中外发展几千年，中西医学者的目标，无不想弄清人体生老病死的真实原因。但至今不过知晓其中的一小部分。知道了“因”，才可研制出对症的药物和适合的治疗方法，更能结出人类健康长寿的“果”。隐蔽的因果关系涉及面广、层深：当今商品经济，利益至高无上，很多消费者惊呼上当受骗。因为市场运作中，一些不法商家处处设陷阱、圈套，用虚假广告、电信欺诈等手段，非法骗取钱财。那个“陷阱”、“套”、“虚假广告”、“诈骗言辞”就是重要的“因”，被骗者经济受损，就是明显的“果”。在隐蔽的“因果”关系中，发展过程很长的，更不容易看清。人的身体健康，受不良生活习惯影响，比如抽烟、酗酒、缺乏锻炼、吃垃圾食品、不吃早餐、熬夜……短期内看不出对健康的明显伤害。若干年后，致病的“果”才显现出来。假设，抽一次烟，肺病即刻生成；酗一次酒，肝病发生。恐怕全世界烟酒早就绝迹了。这就是因果关系隐蔽性比明显性更厉害的原因。隐蔽因果关系更体现在精神层面，佛语中讲：“人的心善，人面善；人的心恶，人面恶”。没几个人相信：一个人内心美，看世界就是美的；内心恶，看世界就是恶的。更无多少人真正理解，人修炼精神，提升道德品质，可让自己超脱，带来心灵平静，获得愉悦，恐怕也是理解的人不多。仅有丰富物质不能带来幸福，许多人也是不相信这一因果关系。尤其那些只顾自己赚钱，不思回报社会的人。清代郑板桥的“吃亏是福”，往往被人理解为傻瓜。人体健康精神作用占一半以上，很多人无法理解……隐蔽的因果关系，深藏在精神层面，但却不被多数人理解，因为多数人只活在物质层面里。只有活在精神层面里的人，才有智慧逐步理解“因果”关系的内涵。

社会上少数胡搅蛮缠的人，是明目张胆不信因果。做恶事的人，不认为有恶报。贪官、刑事犯罪者，在犯罪那一刻，就不会想到有坐牢的“果”。他们只有主观犯罪这个“因”，不相信有被惩罚的后果。因果关系是恒定的。即使有的犯人逃逸后多年，仍然被抓。即使未被抓，也是心神不定、寝食难安而去自首。最终逃脱不出因果的制约。认识了因果关系的隐蔽性，会让多数人活得更明白、减少犯错。

因果关系是偶然性和必然性关系，偶然是因，必然是果。偶然是条件，必然是结论。谁都逃避不了因果关系，不管它隐蔽多深。

享受的回归路

虽然现代享受花样愈来愈多，但人间最甜美的享受始终是那些古老的享受。消费不等于享受，有心灵的参与才是享受。奢华的物质消费与饥饿时的食物满足，后者是享受。走马观花游景点和陶然于山水之间享受大自然不是一回事。为解闷看看报纸、刊物、电视和启迪心灵的读书也不是一回事。前者是消费，后者是享受。享受是精神深处的愉悦，属精神层面。消费是物质层面的满足或刺激，两者内涵不同。大哲学家苏格拉底看到雅典货摊说：“这里面有多少我不需要的东西啊！”今天，我们拥有了太多花钱买来的东西，却忽略了不用花钱买的享受。虽然人的肉体需要享受物质，但它受生理构造限制，总是有限的。人的精神才产生幸福感受，肉体只需物质消费。现代人崇尚生活刺激，和真正享受不一样。生活中，极喜欢用钱购来奢华大餐，吃遍华夏美味，最后会发现：很难找到人间最好吃的东西了。这就是寻求刺激的短期效应。住别墅、开豪车，走路都比别人“牛”，从显摆中找刺激，不是真正的人生享受。出入高档会馆、高尔夫球场、娱乐之家，以有档次的身份找娱乐，不是真正的享受。有的人，出国跨海坐飞机、周游世界城市景点和山水风光，买名牌、购高档消费品，显示自己身份高贵以求刺激。家庭摆设时尚档次高，衣着华丽风采，孩子用贵族方式培养……即使刺激的胃口越来越大、物质消费档次节节攀高，但也挡不住另一面：古朴回归的生活现象。

历来农村羡慕城市：高楼大厦、马路汽车、街道花园、饭店宾馆、娱乐场所、超市商品琳琅满目……可他们知道：这是有钱人待的地方。但是，城市人的疯狂享受，经不住时间寂寞，越发觉得只是肉体的满足和刺激。起初的新鲜感变得乏味，只好再往前寻找，找来找去又找回去。城市餐馆美味佳肴吃腻了，羡慕喝粥，城市粥摊粥店，到处兴起，粥的品种繁多。人们大餐、高档餐、西餐吃烦了，便想吃粗粮、吃农家土菜。其实，米粥和农家土菜是中国几千年的老食物。城市里国产进口高档水果品种多，档次高，鲜亮诱人，但品尝久了还是那个味。于是兴起下乡、去市郊果园采摘。即使采摘的果实比城里水果店的质量差、价格还贵几倍，人们还是在周六周日带孩子去实践采摘……衣着上，人们追逐华丽新奇，质地上最吸引人的还是纯棉、纯毛、纯丝织品……旅游开始，人们热恋汽车火车飞机等现代化交通，现在又喜欢组成驴友步行于山水之间、用自助游等自然方式，探索大自然，寻找天然美……现代化将男女间情感推向极端，用金钱多少显示身价。婚宴桌数、接送车辆多少摆阔。用浪漫的海誓山盟表达忠心……实际，当今青年男女离婚率之高超过以往任何一年。仅以物质丰厚，享受有保证的爱情带来终生美满幸福，大都是谎言。爱情商业化，比古老的爱情质量差远了。许多人无法理解爱情的自然享受内涵，把本该美满幸福的爱情享受变为刺激。人世界，最自然的事情，往往是最神秘的。爱情，孕育就是如此。用张扬、讲排场、摆阔气，未必找到爱情的纯真享受。何况，当今的爱情一点也不含蓄，违背了人古老的隐私一面的本性。

人享受离不开物质和条件改善。物质改善若无精神的参与，便是简单的肉体刺激。精神参与到丰富的物质生活中才是真正的享受。此外，人还存在独立的精神享受，它是超物质的精神享受，是人的主要精神支撑，或叫信仰。人有信仰依托、精神自由、精神轻松，这就叫精神享受。是人生需要的根本。虽然人生社会改变很大、科学技术高度发达，但个体的人性几千年没什么变化。所以，只要人不变成机器人，人的最美享受仍然是神秘的、原始古老的享受。古代人讲四大快事是：“久旱逢甘露、洞房花烛夜、他乡遇故知，金榜题名时。”久旱无雨，最渴望的雨水来了，那种渴望获得满足的享受，是无与伦比的。人生青春年华最宝贵，找对象成家是最甜蜜的人生享受。出门在外，孤单难免，突然遇见老友、老乡、同学、知己是一大快事。无拘束的谈吐、会面，是精神回归的享受。人生立业挣饭碗，考试后被发榜录取，从此，职业地位全来，亲人欢喜，朋友羡慕，那种已获得的快乐是极大的人生享受。对比看，今天人们的快乐享受，同古代人没有多大不同。今天，人们下班回到家中，见长辈平安健康，心爱的人情意切切，熟睡的婴儿动人可爱……内心会感慨：这些都是我的宝贝。那种甜美的内心享受，既神秘又免费。所以，绝大多数人的享受来源于自然生活之中，不经意的平凡相处之中。虽然，享受离不开物质条件的改善，但一定得有精神参与。这就是人类享受的回归，永远改变不了。不管社会发展到何种阶段，只要人不变成机器人，人性不变，它就不变。正是：喝不厌的水，永远是淡水；吃不厌的菜，永远是蔬菜；吃不腻的食物，永远是大米白面。生活不会亏待任何一个人的，今天你吃了一斤糖，没准明天就有一斤黄连等你吞。最后你会发现，各种滋味彼此抵消得干干净净，眼前只剩一碗白开水。

外化内不化

人外在随环境变化，而内心应有所坚持。这样，可随遇而安，内心有定力。

社会是一纵合包容的万花筒。有丰富多彩，也有缺憾；有真善美，也有假恶丑；有光鲜亮丽，也有黑暗阴霾；有热心相助、两肋插刀的朋友，又有人世间的险恶歹人……生活在这样社会里的个体人，只能与其相处交往，没有可逃避的世外桃源。

人来到这个世界是要背上十字架的，不仅要经受住委屈，还要耐得住寂寞，更要多替别人考虑。对外界应通达顺应，内心勿随波逐流。芸芸众生，大千世界，有太多太多的不得已，不是我们能左右的，但人内心又必须处变而不惊。这就是顺应外在、坚持内心。

外化，人与外界相处要通达，使自己行为与社会相适应。地狱吃的食品与天堂差别不大，但地狱人，个个是饿鬼，瘦得很。天堂人红光满面。差别的原因：上帝发给人人一个长把的吃饭勺，地狱人因勺把长，够不着自己嘴巴挨饿；天堂人却利用长把相互喂食物，都能吃得好。这里，外化的作用显现了。自然界和社会的一切现象，未必都能对得上每人的口味，但你又需接受。这就看你的“外化”即适应能力是否与自然社会相适应。适应了，活得就轻松、自在；适应不了，便痛苦烦恼。一个人与外界相处要通达，使自己行为与社会相适应。所以，一个人的社会适应能力，是检验其人生成败的重要方面。社会上，多数人以外在的物质标准去改变人的本性，即“以物易性”。“小惑易其方，大惑易其性”，小迷惑改变人生方向，大迷惑改变人的本性。有些人一生都陷在名与利的泥潭里不能自拔，心绪浮躁、烦恼不已……人的欲望无止境，若一个人迷失自己本性，疯狂追求名利的同时，灾难也会随之而至。为此，明知不可为的事情，就要退让圆通。不可和无力回天的事去较劲。外化内不化和做人内方外圆是一个道理。

人必须坚持内心而顺应外在。人被环境改变是因“内不化”太弱。“内不化”是：无论外界如何变化，一个人的内心不受外界的影响，定要有所坚持。这种人应做到三外：“外天下”，忘记天下所有牵绊你的人情世故，远离了世故，心境就轻松；“外物”，把物质世界的东西尽量剥离出去。纵使你有不少物质，也要把所有物质从心里拿走。有物不要过喜，无物不必过悲。“外生”，超越了生死，顺应自然规律，从容自在，朴实欢喜，活在当下。享受生命中的每一时刻就能安详地穿越人生。人生觉悟了，心境洞明澄澈。内心里将外界一切东西腾空了，心中看虚灵之境，就有一个温暖欢心的境界。当然，彻悟出唯一的天地大道，洞见天地万物的道理，看清事物现象背后的真实，天下纷争的万事万物，在你眼里已经不再神秘，就不会再孤立地看很多事。此时，思想更加通透，遇一切不平之事会泰然处之，总觉得正常不过，就不会滋生烦恼。若你再能贯彻通透古今的历史长河，无时间的间隔和阻隔，“道不远人”，真正的道理都是贴近当下，过好现在。最高境界是追求人生的永恒。人不会因物质生命的陨落而寂灭，也不会因有这种形体存在而忽略了生命的本真。内心定力不要被物所迷。一个人不仅要看到自己的肉体走向，还应看到自己的精神牵引着自己往哪里走。外化的能力来源于自己的“内不化”，“内不化”做好了，就会有强大的外化适应能力。

外化而内不化，适应环境，内在更重要。直线是最快的，但常走不通。只有内方外圆才可行通。且中间最大，即内不化更能促进外化。本着内心的宽容和洞察清明，随遇而安、不与世争、从容姿态，必然少了很多纷争和矛盾。最后会获得一个合乎天地自然的自己的生命境界。遇上烦心事或听到烦心话，千万别立即回应，不妨慢一拍。别小看这慢一拍，作用可大了，定可纯化你内心的焦急和苦痛。甚至慢一拍，更加慎重，让事情解决得更加顺利和合理。外化内不化，就是顺应环境，不改变自己内心的既有定力，让生活过得更加顺畅。

多余的享受

现代物质文明飞速发展，科技水平快速提高，社会向人类提供的享受越来越丰富、享受档次愈来愈高。人们的物质享受应有尽有，服务性享受五花八门。

许多场合和领域“享受过度”，或叫什么“超级享受”，让人们忘记了生命存在的本真。不恰当的“享受”耗费着人们的钱财和精力，严重地威胁着自身的健康。享受生活是人类的永恒追求。享受生活的含义既是物质又是精神的。享受生活应与人们积极的生活态度和身心健康相统一。享受让人生更有意义，更有品位。生活提高与促进人类文明进步相一致，而不是相反。生活水平提高，拓宽享受领域，提高享受质量，应是全体人民的共同要求。更不是扩大社会享受差别，让“享受”成为社会成员间地位、等级差别扩大的助推器。

引进资本主义的生产方式，不是照搬资本主义的生活方式。中国特色是“中国国情”，是不同于世界任何一个国家和民族的。几千年来农民为主体的国民素质还未发生真正意义上的改变，整体文化和国民素质的提高，是长期艰巨的任务。改革开放才三十多年，国家经济发展和国民生活提高有明显进步。但社会上享受、享乐奢迷之风却突飞猛进。据说，中国人是当今世界购买高档消费品的第一大国。法国巴黎“老佛爷”大超市，是国人出境购物最具人气的地方。世界发达国家的名牌、豪车、高档服饰、化妆品等在中国消费市场销售最火爆……似乎现在的中国人富得流油……炫耀、摆阔这种低层次的消费享乐观，发生在一些暴富人身上，一些长期贫穷、刹那间发了财的人，表现得太浮浅缺素质，不过引得国内外人付之一笑而已。

当今，孩子生下来就养成争强好胜不良习惯。比阔气、比洋气。同样质量的奶粉，要进口的。最近某国毒奶粉事件给国人上了一课。玩具要时髦的、进口的……反正不能比别的孩子差。有些人戴了进口表，拎着进口名牌手提包，走路都比别人神气。开个豪车在路上都横冲直闯……大人对孩子往往用洋名牌的麦当劳、肯德基、比萨饼来奖赏。

商品享受从追求刺激入手。近几十年，食品无限度的追求对人们进行味觉器官的刺激。食品添加剂，中国几百年、几千年用的是油盐酱醋等少有几种。如今，味精、鸡精已不过瘾，几十种、上百种添加剂，酸、甜、苦、辣、香、酥、麻什么都有，过去讲五味俱全，现在不知多少种味才叫全。这是社会的进步，但也有让人担心的一面。用化学剂制造食品添加剂，把食物味道调到极致，把人的味蕾调到顶端，再无回旋余地。让自然界中食物本味渐渐失去，本原的东西不好吃了。日子慢慢过去，享受渐渐走来。这样快速失去食物本味的生存方式，不知将人类带向何方，与自然界原本食物脱离越来越远……

服务性享受让人们走向“饭来张口、衣来伸手、走路用车”的懒惰时代。各种服务越来越到位。让人尽量少动手、少动腿、少动脑。甚至服务享受还可代替人们自然的情感传递。服务性享受打着“方便”的幌子，让人的肢体闲下来。人们回家躺在柔软的沙发上，看电视有遥控器开机，不用多走半步；吃饭叫外卖，饭食送到家，饭后不用洗碗筷，塑料餐具一扔了事。差的一碗方便面，同样不必自己做饭。与外界联络有手机，信手即来，连走几步的座机电话也不要用。上班出门有小车，微机旁一坐几个小时……微机不过是信息工具，相当于查字典，找考试答案，可让你连挑带蒙，无须提前综合分析记重点……大脑不思索也能过关。情感服务有些离奇：男女青年过节回家看父母，无对象的租个朋友作对象，带回家让父母看，骗骗家人；亲人离世，租人上坟地代为哭泣……最近人大立法，儿女需常回家看父母老人，立即市场上有“代看望父母的公司”出现……享受这样的服务，将人们真正的情感都虚假化了。不恰当的服务，将人推向机器化，泯灭了人类自然的本性。

人类本身有摆脱不了的动物属性。野生动物以自食其力的生存方式，其寿命可活到天年。而专门人工饲养的动物却活不到那个寿命。人类是勤奋的自己为自己服务的高级动物。自食其力是人的本能，过多的靠社会服务代替人本身天性的勤奋，将使人类肢体退化、大脑萎缩，影响人类身心健康，提前进入病态，不利于健康保健。社会上物质生活优越的，或享受服务较多的人群，往往中年发福、大腹便便、血压血脂血糖三高全占，这就是过分享受带来的恶果。国家卫计委调查的全国青少年肥胖和体质、体能下降比例逐年增高，就是胡吃海喝味美极致的垃圾食品及饮料带来的结果。长寿老人多在农村，并未享受多少过度服务，而大部分过着自力勤劳、简朴的日子。

人类生存方式主要靠自己找，不是依赖送上门的过度服务，这才符合人的本性。现在文化上的极端也带来享受上的过度。文化用语、广告词用绝了；什么“美味”、“超美味”；什么商品都冠上“极品”、服务类宣传总是“高级享受”、“超级享受”、“豪华服务”、“超豪华服务”……词汇用语都用绝，一点余地都不留了。人类生存发展是漫长的、渐进的，甚至是曲折的。就这么几十年，似乎人类社会发展走到了尽头，什么都是“短平快”，不符合社会发展规律。

“衣来伸手，饭来张口，有车不走”，将人类培养成一个有气无力、四体不勤的人，不是人类发展的初衷。难怪今天医院是越来越忙，挂门诊号都难，都是超级享受闹的。西方少数资本巨头的一点享受，国人学得特别快。不管有钱无钱，还是回归自力为主的人性化路上，才不失为真正的人。